北海近代西洋建筑的前世今生

北海市博物馆 编

广西科学技术出版社

·南宁·

图书在版编目（CIP）数据

北海近代西洋建筑的前世今生 / 北海市博物馆编
. —南宁：广西科学技术出版社，2021.5
ISBN 978-7-5551-1571-7

Ⅰ.①北… Ⅱ.①北… Ⅲ.①建筑史—北海市—近代

Ⅳ.①TU-092.967.4

中国版本图书馆CIP数据核字（2021）第066946号

北海近代西洋建筑的前世今生

BEIHAI JINDAI XIYANG JIANZHU DE QIANSHI JINSHENG

北海市博物馆　编

责任编辑：罗煜涛　　　　　助理编辑：梁　优　　　　　责任校对：夏晓雯
装帧设计：韦娇林　　　　　责任印制：韦文印

出 版 人：卢培钊　　　　　　　　　　出版发行：广西科学技术出版社
社　　址：广西南宁市东葛路66号　　　邮政编码：530023
网　　址：http://www.gxkjs.com

经　　销：全国各地新华书店
印　　刷：广西昭泰子隆彩印有限责任公司
地　　址：南宁市友爱南路39号　　　　邮政编码：530001
开　　本：787 mm×1092 mm　1/16
字　　数：120千字　　　　　　　　　　印　　张：7.75
版　　次：2021年5月第1版
印　　次：2021年5月第1次印刷
书　　号：ISBN 978-7-5551-1571-7
定　　价：68.00元

《北海近代西洋建筑的前世今生》
编委会

主　　编：廖元恬

副 主 编：蔡安珍　陈奕璇

参编人员：李欣妍　花　飞　张朝智　张文敏

　　　　　梁勤荣　许　悦

前 言

国家历史文化名城北海市，历史悠久，文化底蕴丰厚，历史遗存丰富，近代城市建设特色突出。从古到今，北海一直发扬并延续对外开放的精神，谱写了一部部波澜壮阔、荡气回肠的交流融合史诗，留下了一批批珍贵遗存。

1840年鸦片战争爆发，西方列强利用坚船利炮打开古老中国的国门，对中国进行政治、经济、文化侵略。19世纪50年代，法国天主教远东传教会趁涠洲岛岛禁初开，借机派遣传教士上岛传教。1869—1978年，范神父在涠洲岛盛塘村建造了一座哥特式风格的天主教堂。

1876年，英国为了争夺在中国大西南的势力范围，强迫清政府签订了丧权辱国的《中英烟台条约》，条约规定开辟北海等地作为通商口岸和领事馆驻扎处所。北海因此成为广西最早的对外通商口岸。据《1843—1943年英国驻华的全部领事机构》（*British Consular Officers，1843—1943*，P.D.Coates 1988）一书有关英国在北海设立领事馆的内容中记载，英国驻北海领事馆领事助理 A.S.Harvey 于1877年看到刚开埠的北海"是一个比海口小得多、没有任何漂亮或令人觉得满意的公共建筑、周围被贫瘠的红土包围的港口"。北海民众多"类多版筑而居，编竹为瓦"（梁鸿勋《北海杂录》）。英国率先在北海设立领事馆，并租用一间建在沙滩上的疍家棚式的木屋作为办公场所。继英国开设领事馆后，法国、德国、葡萄牙、奥匈帝国、意大利、美国、比利时等七国也相继在北海设立领事馆。这些国家的商人和传教士也纷纷来北海设立机构，修建了领事馆、海关、教堂、医院、学校、商行等一批极富西洋风格的哥特式建筑和罗马券廊式建筑（又统称为"殖民地式建筑"）。从19世纪80年代至20世纪初，北海城区不到1平方千米的范围内共兴建了大小洋楼22座，"南背岭头，平沙无垠，洋楼矗起，巍然并峙，西人之所聚处也"是清代梁鸿勋在《北海杂录》中对其的描述。这些建筑为一层或多层砖石木结构或砖混结构建筑,平面布置多为长方形,设有地垄、回廊、壁炉,屋顶多为四坡瓦顶,门窗多为券拱形式,具有典型的西洋建筑风格。在当时不大的北海城里,当地人栖身的草房茅屋与外国人居住的洋楼别墅并存,简陋与豪华、古朴与新颖、旧观与时尚,反差强烈,对比悬殊。

按时间划分,北海近代建筑发展的历史分为19世纪中叶至20世纪20年代、20世纪20年代至20世纪30年代、20世纪40年代三个阶段。

本书《北海近代西洋建筑的前世今生》主要介绍19世纪中叶至20世纪20年代北海近代西洋建筑发展的历程,但内容时间跨度从第一次鸦片战争爆发至中华人民共和国成立。本书所称的北海近代西洋建筑主要是指被公布为全国重点文物保护单位的17个点28座建筑。在体例上,本书按照建筑类型划分为7章,分别是《领馆岁月》《洋行硝烟》《邮驿史话》《海关风云》《医院建设》《学校肇端》《教堂钟声》,以时间为线索编纂并加上插图。此外,本书作为普及性读本,语言力求深入浅出、通俗易懂,富有可读性和趣味性。

本书由廖元恬任主编,蔡安珍、陈奕璇任副主编,蔡安珍任执行编辑,李欣妍、花飞、张朝智、张文敏任编辑。其中,《前言》《领馆岁月》《医院建设》《附录》《后记》五个部分由李欣妍执笔,《洋行硝烟》《邮驿史话》《海关风云》三章由花飞执笔,《学校肇端》一章由张朝智执笔,《教堂钟声》一章由张文敏执笔,全书由廖元恬、蔡安珍、李欣妍修改、补充和统稿。因时间仓促,编者水平有限,错漏之处在所难免,敬请广大读者批评指正,以便今后再版时改正。

建筑是凝固的艺术、跳动的音符。历史建筑更是韵味悠长,虽耸立无语,但向我们诉说着过往的故事。它们在岁月的长河中长久矗立着,联系着过去、现在与未来。在当前我国大力推进"一带一路"倡议之际,让我们携手共进,加强对北海近代建筑等历史文化遗产的挖掘、保护和管理,在"21世纪海上丝绸之路"这一条历史遗产之路和文化交流之路上谱写动人的乐章,让北海近代建筑大放异彩。

目
录

第一章
领事馆岁月

    1876 年，中英签订不平等条约《中英烟台条约》（简称《烟台条约》）（图 1-1），规定开辟北海为对外通商口岸和领事官驻扎处所。翌年，英国在北海设立领事馆，成为近代第一个在北海设立领事馆的国家。随后，法国、奥匈帝国、德国、意大利、葡萄牙、美国和比利时 7 个西方国家相继进入北海设立领事机构。在这些国家中，英国、法国、德国修建的领事馆楼至今仍保存完好。曾经，它们作为新奇洋气的楼房，在茅寮草舍林立的北海显得鹤立鸡群。现在，它们已被淹没在周围的高楼大厦之中，用墙面上斑驳的痕迹见证了一段历史，犹如几位站在摩登青年人群中的老人，诉说着曾经的故事，成为一道独特的风景线。

▲图 1-1　中英两国官员签订《烟台条约》后的合影

第一节

英国领事馆

一、疍家棚式领事馆

在现代人的印象中，外国领事馆一定是漂亮坚固的别墅式洋楼。然而，英国人最先在北海设立的领事馆，却租用一间建在临海沙滩上的疍家棚式的木屋作为办公场所（图1-2）[①]。

1876年，中英签订《烟台条约》。翌年5月，英国人抵达北海。在没有建造新的领事馆楼之

▲图1-2　升着英国国旗的疍家棚就是英国领事馆

前，他们只能租用北海海滩的一间疍家棚式的木屋作为领事馆办公场所，并升起了英国国旗。这是近代外国在北海设立的第一家领事馆。自1877年到1882年，英国驻北海领事馆的领事及其家属均于此办公及生活。

---

① 这是一组系列彩绘画（共7幅）中的一幅，1887年3月5日发表于英国《图片》（*The Graphic*）杂志。作者是当时英国著名的画家 J. Finnemore（费丽莫），而彩绘画内容则由英国驻北海领事馆第二任领事阿林格的妻子提供。

这间简陋的疍家棚式木屋位于海滩一个斜坡的底部，建在覆盖着厚厚黏土的多孔沙地上，仅使用一些竹子支撑房子。周围环境卫生状况差，居住面积狭小，房屋设施简陋，一楼饲养着猪、牛、鸡等牲畜和家禽，动物粪便随意排放，污水横流。19世纪80年代初，第二任英国领事阿林格（C.F.R.Allen）与妻子、女儿刚来到北海时，就在这间疍家棚式的木屋办公和居住。

阿林格领事正挺直身板，左、右手分别拿着拐杖和帽子，叉着腰，翘首望着像牛棚猪舍一样的房子，似乎在沉思（图1-3）。恐怕他怎么也没想到，英国在北海的领事馆的条件竟然如此糟糕。该领事馆很有可能是当时外国在中国唯一的疍家棚式领事馆，也是办公及居住条件最糟糕的领事馆。

迫于无奈的现实，阿林格领事一家人决定搬到疍家棚式领事馆的楼上居住和办公。

▲图1-3　第二任领事阿林格与妻子、女儿生活在疍家棚式领事馆里面

二、牛棚式领事馆

当时北海关的一名医生在给英国领事官员看病时指出，疍家棚式领事馆恶劣的居住环境不利于领事及其家属的健康。再加上阿林格领事的妻子怀孕在身，不久将要分娩。于是，阿林格领事决定搬迁领事馆，在北海城外建造一座新的领事馆楼。

1882年，英国领事馆花费80英镑购买了今北海市第一中学一带的21英亩（约8.5公顷）土地，用来兴建新的领事馆楼。在新领事馆楼落成前，阿林格领事下令在北海城外另外购买的土地上搭建了一排5间工棚式平房，平房墙面很粗糙，看起来像牛棚（图1-4），被称为"牛棚式领事馆"。不久，英国领事馆请了北海当时最大型的运输工具——牛车，以及手推车和苦力，把所有的办公用品、生活用品从疍家棚式领事馆全部运到"牛棚式领事馆"。这座"牛棚式领事馆"便成为英国领事馆在北海的临时办公和居住的地方。

▲图1-4　近代英国在北海搭建的"牛棚式领事馆"（左上角）

三、坚固的英国领事馆建筑

1884年，阿林格领事邀请英国建筑师F.J.马歇尔及河顿有限公司前来设计和建造新领事馆楼。新领事馆楼的附属建筑有宿舍、接待室、厨房、小礼拜堂等。翌年，新领事馆楼正式建成并投入使用。该领事馆曾代理德国、奥匈帝国和美国的领事事务。

新建成的英国领事馆楼坐西朝东，是一栋两层的券廊式西洋建筑，砖混结

构，平面呈长方形，长
27.29 米、宽 12.14 米，
建筑面积为 993.90 平方
米（图 1-5）。第一层
是架空层，俗称"地垄"。
第二层券廊的券拱间都
有砖砌的栏杆，绿釉瓷
瓶做栏杆柱，显得精巧
美观。栏杆、廊柱和拱
券均有雕饰线，造型优

▲ 图 1-5　新建成的英国领事馆楼（即今天的英国领事馆旧址）

美。馆内装饰豪华，设有壁台和壁炉，地面铺设图案精美且耐磨的方形花阶砖。

阿林格领事的继任者对新建成的英国领事馆楼感到非常满意，并认为由花
岗岩、砖头、瓦、水泥构成的领事馆楼是当时较为坚固的建筑，大火和白蚁都
无法摧毁它。

四、"大英帝国日"的献礼

在英国领事馆正面的右下墙角有一块独特的奠基石，青石材质，长 68.5 厘米、
宽 38.5 厘米、厚 30 厘米，重 100 多千克，双面刻着英文碑文（图 1-6、图 1-7）。
为了方便运输特意在其顶部加了一铁圈。这块奠基石是从英国运至北海的。

正面碑文如下：

THE FOUNDATION
STONE OF THIS
CONSULATE WAS LAID
BY MRS C.F.R.ALLEN

THE 24TH DAY OF

MAY 1885

F.J.MARSHALL
C.F.R.ALLEN

▲ 图 1-6　英国领事馆奠基石正面碑文

HERTON & C.

（碑文表达的意思：本领事馆的奠基石于 1885 年 5 月 24 日由 C.F.R. 阿林格夫人立。工程负责人是 F.J. 马歇尔、英国领事 C.F.R. 阿林格，施工单位是英国河顿有限公司）

背面碑文如下：

THE FOUNDATION STONE OF THIS CONSULATE WAS LAID BY MRS C.F.R.ALLEN

THE □ DAY OF MARCH 1885

F.J.MARSHALL   C.F.R.ALLEN

H.M. OFFICE OF WORKS   H.M CONSUL

（碑文表达的意思：本领事馆的奠基石于 1885 年 3 月□日由 C.F.R. 阿林格夫人立。工程负责人是英国工程处的 F.J. 马歇尔和英国领事 C.F.R. 阿林格）

▲图 1-7　英国领事馆奠基石背面碑文

由奠基石的正面碑文可知，19 世纪 80 年代初期，阿林格领事、F.J. 马歇尔及英国河顿有限公司共同参与建造新领事馆楼。

一般的奠基石人们往往只在正面刻碑文，但英国领事馆奠基石的正反两面都刻有碑文，内容基本相同。不同之处在于，正面碑文的落款日期是 1885 年 5 月 24 日，施工单位为英国河顿有限公司；反面碑文的落款日期是 1885 年 3 月□日，缺施工单位，反而明确了 F.J. 马歇尔的工作单位是英国工程处。

结合正、反面碑文，我们分析认为，奠基石反面的碑文应该是在运至北海前刻好的，但可能因为工程延期，或日期有误，或其他原因，再加上缺少施工单位，所以需要重新书刻碑文。也许考虑到这块奠基石坚固厚重，切割工整，造价不菲，运输困难，为了不浪费此碑石，便在该碑石的正面重刻碑文，并将奠基时间改为"1885 年 5 月 24 日"。有趣的是，这个日子恰恰是"大英帝国日"。因此，阿林格领事极有可能将北海新领事馆楼作为庆祝当年"大英帝国日"的献礼。

五、联合围剿海盗

清末，北海时局混乱，社会环境恶劣，常有海盗出没。海盗数量多达几百人，他们作案猖獗，大肆劫掠官民的财物。据《1843—1943 年英国驻华的全部领事机构》一书记载，北海作为中国西部地区的港口和通商口岸，周围有很多海盗，且频繁有关于海盗烧杀抢掠的传闻。1869 年，一名被派驻到北海负责征收关税的廉州口海关官员被海盗割下了头颅。直至 19 世纪 90 年代，在一个离海边约 80 千米的偏僻山谷里的小村庄仍保留有坚固的防御海盗的设施。

严峻的形势迫使外国领事馆必须联合北海的地方官府采取强硬的措施来剿杀和镇压海盗，以维护北海的治安，保护其本国公民和法人在北海的利益。

阿林格领事到任后，继续奉行联合剿匪的政策，加大力度剿灭海盗。有一次，他们捕获了数名海盗，并将他们的头颅割下来，悬挂在海边示众，以儆效尤（图 1-8、图 1-9）。

图 1-9 描绘的是，在一次中英联合剿杀海盗的行动后，北海海面恢复了以往的平静，阿林格领事一家前往海边游泳，领事馆的 2 名助理及保姆一起随同。他们来到海边时，发现以往他们游泳的地方附近悬挂着 6 个海盗的头颅。

▲图1-8　清末被清军抓获的海盗

▲图1-9　英国领事阿林格一家发现海边悬挂着海盗的头颅

六、躲避中法战争战火

《北海杂录》记载："光绪十一年（1885 年）中法失和，南关之役，法驶兵舰三艘来北海，封禁口岸，港电纷驰，商家震动，尽将货物迁移，一时居民惊恐，如避兵燹。"1885 年，中法两国失和，爆发了镇南关之战。同年正月二十一日，法国单方面宣布封锁北海港，派遣 3 艘炮舰先后闯进北海港，以检查各国商船私运军火接济中国为名，强行占领龙门和北海港，从而进逼钦邕以切断清军镇南关前线的后路。

但由于两广总督张之洞等人事前已获法军突击北海的情报，早已发动军队修筑北海至合浦乾江沿海炮台和土城多处，并设置炮位，驻军防范，日夜巡弋海港沿线。法舰探知清军早有防备，便向冠头岭击炮。图 1-10 描述的是清军与法国炮舰在北海冠头岭海边对峙的情形。当时，2 艘停泊在海面的法国炮舰正向列队整齐、严阵以待的清军开火。不过，法军只击中了前排骑着战马的军官，他被战马抛落在沙滩上。

▲图 1-10　清兵与法国炮舰在北海冠头岭海边对峙

在战争阴霾的笼罩下，阿林格及其家人和同事只好乘船离开北海前往香港躲避战火。阿林格及其夫人、2 个小孩、小孩保姆及同事等人正坐在北海当地人使用的木船上，等待水手划船驶往香港（图 1-11）。在木船的不远处海面上有一艘规模宏大、装备精良、杀伤力大的法国炮舰正在停泊，旁边还有几艘小船，估计是北海的商人正在争先恐后地驶离北海，躲避一触即发的战火。

▲图 1-11　阿林格及其家人和同事坐船逃离北海

七、把西方网球运动带入北海的第一人

现代网球运动诞生于 19 世纪 70 年代的英国伯明翰，很快便风靡整个英国乃至其他欧美发达国家。19 世纪 80 年代，阿林格来到北海出任领事，也把这项风靡欧美国家的时髦运动带到北海。阿林格可谓是把西方网球运动带入北海的第一人。

据《1843—1943 年英国驻华的全部领事机构》一书记载，在 19 世纪 80 年代中期（阿林格领事任期）北海仅有 8 个外国人。阿林格为活跃大家的生活，在新领事馆楼工地附近建了一个网球场。如图 1-12 所示，挥拍打球的大胡子外国男人就是阿林格，他正在和 3 名外国男人打网球。他的妻子和女儿坐在球场旁边观看网球比赛，当地一名男子在俯身弯腰帮忙捡球。网球场周边挑着担子的妇人、手推独轮车的汉子、坐在土墙上的民众等都在好奇地观看他们打网球。

▲图 1-12　英国第二任领事阿林格（右一挥拍者）携妻女与友人在北海
打网球的彩绘图

八、广西空前的平移盛举

1922 年，英国领事馆楼房被以 20 万英镑的价格转卖给法国天主教北海教区做圣德修院，从而结束了它长达 37 年作为领事馆的使命。

1934—1935 年，天主教北海教区的主教府按原英国领事馆的建筑风格及大小扩建了圣德修院，并将扩建部分做礼拜堂。圣德修院及礼拜堂风格一致，浑然一体，北海市民统称其为"红楼"。中华人民共和国成立后，北海市人民政府拨款购买"红楼"，将其作为北海市第一中学的教学楼。

1999 年，为配合城市道路建设，经国家文物局同意，北海市有关部门决定利用技术含量颇高且难度大的平移技术对英国领事馆旧址进行易地保护。由于后来扩建的圣德修院礼拜堂建筑与原英国领事馆建筑的地基不一致，为了确保英国领事馆平移的安全，平移前拆除了后来扩建的礼拜堂建筑，仅保留和平移原英国领事馆建筑（图 1-13）。

▲图 1-13　英国领事馆旧址平移现场

1999 年 10 月 2 日至 3 日，成功地将英国领事馆旧址往东北方向平移了 55.8 米。这次成功的平移，开创了北海乃至广西建筑物整体平移的先河。如今，平移后的旧址作为北海近代外国领事机构历史陈列馆对外开放（图 1-14）。

▲图 1-14　平移后的英国领事馆旧址

第二节

德国领事馆

一、北海原貌保持最好的领事馆旧址

从 19 世纪 80 年代开始，德国商船在北海港口进出非常活跃。德国政府为了加强对德国商人在北海港口的贸易保护，于 1886 年在北海设立德国领事馆。最初由英国领事代理业务，1902 年德国才委派本国人法时敏担任领事，暂借税务司公馆办公，后又另租楼房作为馆舍（图 1-15）。1905 年，在英国领事馆附近（现中国工商银行南珠支行内）建成领事馆办公楼（图 1-16）。该领事馆当时所辖业务范围包括北海、海口、东兴等地的通

▲图 1-15 德国领事馆旧址旧照片
（德国驻广州领事馆提供）

商事务（图 1-17）。因第一次世界大战时中德两国交恶，德国领事馆于 1917 年撤出北海。

▲图 1-16 德国领事馆旧址全景照片

▲图 1-17 北海—海口德国领事馆的印章照片
（德国驻广州领事馆提供）

德国领事馆旧址是一栋长方形的券拱回廊式西洋建筑，砖木结构，坐北朝南，长 23.16 米、宽 18.88 米，建筑面积 1362.9 平方米。黄色墙体。共有两层，第一层下面是地垄，第二层有回廊，室内有壁炉、壁台，正门有一座门庭与主楼相接，门庭两侧各有弧形台阶。该领事馆旧址是北海原貌保持最好的外国领事馆旧址，也是北海市原貌保持最好的近代西洋建筑之一。

德国领事馆建筑简洁大气，色彩庄重，功能实用，风格别致，尺寸精确，注重细节但又无多余的装饰，历久弥新，虽历经百年仍充满时尚感。德国领事馆旧址在抗日战争前由广东省白石盐场公署使用；中华人民共和国成立后，曾交由北海市宣传部门和党校使用；1983 年交由中国工商银行北海分行使用；之后先后用作办公楼和幼儿园；现计划建设为北海近代金融历史陈列馆并对外开放。

二、重见天日的廉州教案的物证

2015 年 1 月 21 日，北海市管道燃气有限公司在中山路旧公安局门前进行地下管道改道时，发现 2 块刻有德文的墓碑（图 1-18、图 1-19）。其中，一块墓碑与北海近代历史上的一件重大事件——"廉州教案"密切相关，而另一块墓碑因信息量过少难以考证。

▲图 1-18　北海市中山路管道改道现场

▲图 1-19 北海市中山路德文墓碑发现现场

这块易于考证的墓碑长 91 厘米、宽 46.5 厘米、厚 8 厘米，碑身正面阴刻德文（图 1-20），其内容如下：

HIER RUHT

DER HEIZER

PAUL RICHARD JAENSCH

GEB AM 24.1.1878

ZU POSEN

GEST AM 16.6 1901

AN BORD

S.M.S.JAGUAR

GEWIDMET

VOM

OFFIZIERKORPS

UND

BESATZUNG

S.M.S.JAGUAR

▲图 1-20 北海市中山路
发现的司炉工保罗的墓碑

（碑文表达的意思：司炉工保罗·理查德·杨施于 1878 年 1 月 24 日生于

波兹南，1901 年 6 月 16 日卒于船上，在此安息。德国皇家军舰"渣架"号全体军官及船员默哀）

1900 年，德国信义会传教士在廉州（今合浦）购买了民房作为传教场所。此举激起民怨，后来该房屋被拆毁。之后，德国驻北海领事（英国代理领事赛斐敕兼任）就此事电告德国政府。不久德国、英国、法国三国纷纷出动军舰前往北海港进行威逼。最后，清政府屈服，不仅赔偿德国完好的房屋，还赔偿德方兵费 6000 元，并惩办"肇事"民众，史称"廉州教案"事件。

1901 年 6 月 16 日（即保罗死亡当天），《申报》刊登了一则关于"廉州教案"的报道。该报报道了廉州教案的始末，并称德国水师人员"乘巡船名'渣架'者前往诘责华官"。其中"渣架"是德文"jaguar"的音译，"渣架"者就是保罗墓碑所说的德国皇家军舰"渣架"号。"渣架"号军舰制造于 1898 年，长 62米、宽 9.1 米，吃水 3.3 米，配备海军约 120 人（图 1–21）。1900 年，它从德国驶往中国参与八国联军侵华战争，其后多次参与德国对华战争；1914 年在德日战争中沉没。报道还指出，当时中德双方曾发生过冲突。保罗可能就是死于冲突之中，被葬在北海，后来他的墓碑被用来铺路。

这两块墓碑是北海市首次发现的德文墓碑，具有重大的史料价值。保罗墓碑不仅见证了北海近代重大历史事件之一——"廉州教案"，反映了近代北海被迫开放的屈辱历史，而且揭露了近代帝国主义野蛮的侵华行径。

▲图 1–21　德国皇家军舰"渣架"号

三、一只保险箱引起的遐思

在北海近代外国领事机构历史陈列馆里，有一个外表陈旧、黑漆剥落的保险箱（图 1-22）静静地躺在展柜里，供游人观赏。

这个保险箱不大，高 27 厘米、长 26 厘米、宽 19 厘米，重约 3 千克。箱面涂黑漆，漆层已剥落，箱内涂有鲜艳的红漆，盖底印有德文"K.K.Pakhoi"。

▲图 1-22　近代德国"K.K.Pakhoi"保险箱

别看这只箱子外表普普通通、毫不起眼，它可是大有来头的。据专家分析，"K.K.Pakhoi"有可能是德文"Kaiserlich Konsulate Pakhoi"的缩写，即北海"帝国领事馆"的意思；也有可能是"Kaiserlich Kriegsmarine Pakhoi"的缩写，即北海"帝国海军"的意思。由于近代德国曾在北海设立领事馆，并派遣过海军军舰来到北海，因此这两种解释都有其道理，至于哪一种解释更加准确，目前尚未有定论。

第三节

法国领事馆

一、近代北海开设时间最长的领事馆

法国于 1887 年在北海设立领事馆，先租用民房办公。1890 年在英国领事馆不远处（现北海迎宾馆内）买地建造办公楼，同年落成并投入使用。该领事馆于 1950 年撤出，历时 64 年，是近代在北海开设时间最长的外国领事馆。

法国领事馆旧址位于北海市北部湾路 32 号北海迎宾馆内，原为一座一层的券拱回廊式西式建筑，砖木结构，坐北朝南（图 1-23）。平面呈"凹"字形，长 34.7 米、宽 20.7 米，回廊宽 2.5 米，建筑面积 1436.58 平方米。四面坡屋顶，一层下面是地垄，地垄高 1.85 米，地垄墙体使用独立砖柱或砖墙砌筑成拱券形，大部分为敞开式。回廊的栏杆饰有古色古香的绿釉瓷瓶，室内装饰豪华。1950 年，法国领事馆撤出北海，该办公大楼由北海市人民政府代管。1973 年，使用单位北海饭店（现更名为北海迎宾馆）在旧址原建筑的基础上加建一层（图 1-24）。

▲图 1-23　近代法国领事馆旧照

▲ 1-24　法国领事馆旧址现貌

二、"独立王国"

　　法国政府曾于 1890 年和 1900 年，在北海向当地人以一次性买断的方法共购入相邻的 4 块土地。签订的购地合同约定，法国政府享有随意支配这四块土地的权力。

　　法国领事馆在购买的土地上兴建了办公楼、宿舍、车库、卫兵营房、校舍、医院、信馆、墓地等建筑物，并把它们围起来，成为一个整体，如同"独立王国"一般（图 1-25、图 1-26）。

▲图 1-25   近代法国领事馆庭院

▲图 1-26   近代法国领事馆公墓

当时法国领事馆的范围包括今天的北海迎宾馆及其西面的工人文化宫、总工会、广慈商场、市人民医院宿舍、各民主党派原大院和原交通局等一大片土地。

三、华人勿近的领事馆

　　近代法国在北海购买了大片土地，并用砖砌围墙将其围起来，形成似"独立王国"般的禁地。为了防止中国人随意出入领事馆的地界，法国领事馆特意在领事馆围墙的大门口左、右两侧竖立 2 块高大的方形石碑，上面醒目地书写着"大法国领事署" 6 个汉字（图 1-27）。

▲图 1-27　近代法国领事馆围墙大门

　　为了防止他人侵占其土地，法国领事馆还在其地界范围竖起了地界石碑（图 1-28）。这块完整的法国领事馆地界石碑弥足珍贵，现存放在北海近代外国领事机构历史陈列馆。这块石碑高 106 厘米、宽 32 厘米、厚 14 厘米。碑身呈长方形，

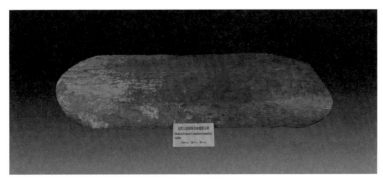

▲图 1-28　近代大法国领事府地界石碑

碑顶为半圆形。在其上部,约占据碑身三分之二大小的地方,表面平整,阴刻着"大法国领事府地界"8个汉字。在其尾部,约占据碑身三分之一大小的地方无镌刻文字,颜色泛白,表面坑坑洼洼,很明显是因长期深埋于土中受到腐蚀所致。

历经百年风雨洗礼,这块法国领事馆地界石碑已成为19世纪末期法国在北海建立领事馆的重要物证。

四、一块镶嵌在墙内的奠基石

1996年,北海饭店对法国领事馆旧址进行内部装修。因安装水管,需要在该楼西北角的外墙基凿出一管位。当施工方打碎一块镶在墙基上的石块时,发现墙内藏有2个瓶子。2天后取出石块时,才发现它原来是一块奠基石,可惜已被打掉了一半,仅残留半块(图1-29)。这块石碑残长约80厘米、宽38.5厘米、

▲图1-29　镶嵌在法国领事馆旧址墙角的奠基石

厚9厘米,正面阴刻着法文"REPUBLIQUE"(共和国之意)字样。时人推测,奠基石已被打掉的那半块石碑正面应该也刻有法文,极有可能是法文"DE LA FRANCE"(法兰西之意)。这样整块奠基石的碑文应该是法文"REPUBLIQUE DE LA FRANCE"(法兰西共和国之意)。

2个瓶子里面各装有1张法文报纸和2枚钱币(图1-30),报纸分别为法属印度支那报刊《东京湾的未来》和《海防捷报新闻》。前者于1890年7月2日由越南河内出版,后者于1890年7月3日由越南海防出版。这两张报纸充分证明了北海的法国领事馆办公楼建于1890年7月前后。至于这两枚钱币,很有可能是法国人在建造领事馆办公楼时效仿中国人建房子的传统习俗,把钱币置于墙内,以图个吉利。

▲图1-30　法国领事馆旧址墙心发现的2个瓶子及其中的法文报
纸、2枚钱币

五、身兼数职的法国领事

近代，法国先后向其驻北海领事馆派遣过20多任正领事、副领事（图1-31）。
所辖业务范围包括北海商务、法学堂、法医院，兼管东兴领事事务，并代理葡
萄牙的商务领事业务（图1-32）。

▲图1-31　1884年法国驻上海公使
们合影，前排左一为1898—1899年
法国驻北海领事Guillien

▲图1-32　近代法国驻北海领事馆印章图

当时为了在思想意识形态方面控制北海民众，外国共在北海开办了 12 所学校，其中法国学校 5 所，包括法华学堂、培德小学、明德小学等（图 1–33）。法华学堂开办于 1898 年，开设中文、法文课程，不收学费，办学经费由法国政府提供。每年大考 1 次，并奖赏学生。颁奖日，由法国领事主持，邀请中、西方人员参加。

▲图 1-33 近代北海小孩在外国人创办的学堂里上课的情形

1900 年，法国领事馆在北海开设医院，法国领事掌管医务。有趣的是，第十四任（1918—1921 年）领事及从第十六任至第十九任（1923—1932 年）领事均由领事馆医院的医生担任，详见表 1-1。

表 1-1 近代由医生担任法国领事的人员名单

序号	任期	姓名
1	第十四任（1918—1921 年）	Dr. Béchimont
2	第十六任（1923—1928 年）	Dr. Gouillon
3	第十七任（1928—1929 年）	Dr. Pautet
4	第十八任（1929—1930 年）	Dr. Chaloin
5	第十九任（1930—1932 年）	Dr. Pautet

六、一次中法征收渔船规费的交涉 [①]

1889 年,法国驻北海领事馆以中方北海渔船常到越南(法国殖民地)海域捕鱼靠泊为由,向廉州府衙门提出,北海渔船必须向法国领事馆领取牌照后才能到越南海域进行捕鱼作业,否则法方就扣留中方渔船。

廉州府将此事请示上报,当时的两广总督张之洞认为这是法方的无理要求,《中法条约》中没有这条依据,决定不予理会。但是,法国领事馆仍在中方没有认同的情况下,单方面张贴告示,征收中方船只的船规费,要求每艘船需向法方交纳银元数元至数十元不等,并对外宣称是经过请示法国驻华公使总署后才这样做的。

面对法方的无理做法和嚣张气焰,两广总督张之洞呈文要求法国驻华公使总署立即停止这种行为。但法国驻北海领事馆又出新招,把船规费改为渔船牌照费,继续向渔船征收。最终,广东省督抚通过清朝外务部明确对法方严正宣告,法方这种行为侵犯了中国的主权,中方坚决不认同,绝不接受。至此,这场中法交涉才得以终了。

随着外国领事馆的建立和增加,前来北海居住的外国人越来越多。西方列强开始在北海设立海关、开办商行、办医办学、开设教堂、发放报纸等。除建造了英、德、法三国的领事馆楼及其附属建筑外,西方国家还在北海建造了海关大楼、监察长楼、税务司公馆,以及用于开办教堂、医院、洋行、学校、洋员俱乐部、邮政局等的建筑和场所。1905 年,北海城区的洋楼多达 22 座,共有70 名外国人居住在里面。第一次世界大战之后,北海的外国领事馆逐渐关闭,一个个在历史的尘埃中谢幕。

---

① 北海市地方志编纂委员会办公室编《"微"说北海(2016~2019)》,2020,第 198-199 页。

第二章
洋行硝烟

北海市海城区解放路 19 号北海市文化大院内有一座黄色的两层券廊式西洋建筑，它就是近代北海有名的德国森宝洋行的旧址（图 2-1）。

▲图 2-1　德国森宝洋行旧址

德国森宝洋行旧址建于 1891 年，由主楼和附楼组成。主楼长 18.3 米、宽 13.24 米，建筑面积 781.31 平方米，屋顶为四面坡状，地垄有 2 米高，两层均设有回廊。附楼建筑风格与主楼相同，仅一层，长 20.4 米、宽 15.8 米，地垄高 0.5 米，建筑面积 322.32 平方米。主楼与附楼之间通过一条长 6 米、宽 2.85 米的走廊连接。该洋楼是当时英国、法国、德国、葡萄牙等国设在北海的洋行中最大的一座，也是北海著名的洋楼之一。

　　森宝洋行最初是由德国商人森宝与其伙伴共同开办的，主要在海口经营商贸和招收华工出洋业务，而后在北海设分号。20 世纪初，森宝回归德国驻地不莱梅，由其伙伴主持洋行事务，随后将北海分号设为主店。北海森宝洋行办公大楼建成前后一段时期是德国商人在北海通商的鼎盛时期。1914 年，德国发动了第一次世界大战。战败后，德国在北海的商贸便日渐衰落，森宝洋行约在中华民国初年完全停止了商贸活动。

　　中华民国期间，该旧址先后为两广盐务稽查支处和北海联合小学使用。中华人民共和国成立后，先后被北海市防疫站、北海市水产学校、湛江地区干部疗养院、北海市文艺工作团和北海市文化局等单位使用。由于文化单位使用该楼时间较长，因此该旧址及其院落通常被称为"市文化大院"。2008 年，北海市文物部门对森宝洋行旧址进行了全面的维修。2016 年 5 月，森宝洋行旧址作为北海近代洋行历史陈列馆向公众开放，成为人们了解北海近代洋行历史的重要窗口。

　　森宝洋行旧址见证了北海近代洋行历史的变迁，是北海目前仅存的一处外国商行旧址，于 2001 年 6 月 25 日被国务院公布为全国重点文物保护单位。

第一节

北海近代洋行兴亡路

1876 年，中英签订《烟台条约》，北海被辟为通商口岸。翌年 4 月，北海正式对外通商。随后，英国的怡和洋行、太古洋行，德国的森宝洋行、捷成洋行，法国的孖地洋行，以及其他国家数十家洋行纷纷在北海开展业务（表 2-1）。外国洋行在北海经营业务主要有保险、航运、船务、洋货进口、土货出口及招收华工等。不同的洋行，经营业务各有侧重，如孖地洋行主要经营火柴、煤油及航运业务，而森宝洋行则是以经营煤油和招募华工业务为主。

表 2-1　北海近代洋行一览表

国家	洋行名称	进驻时间	经营业务	备注
英国	瑞昌洋行	约 1877—1890 年	主要代理荷伊公司及其他洋行的业务	
	怡和洋行	19 世纪 70 年代末	航运	
	太古洋行	待考	航运	
	宝顺洋行旗下的於仁洋面水险保安行	约 1877—1910 年	保险	先由瑞昌洋行代理，后由森宝洋行代理
	德忌利士轮船公司	约 1885—1910 年	航运	由瑞昌洋行代理
	保家行	约 1886—1910 年	保险	由森宝洋行代理
	盎格鲁 - 撒克逊石油公司	20 世纪以后	经营洋油等	曾在北海购地
	亚细亚火油公司	1907 年以后	经营洋油等	
苏格拉	苏格兰皇家保险有限公司	约 1880—1887 年	保险	由瑞昌洋行代理
	苏格兰东方轮船有限公司	约 1886—1892 年	航运	由森宝洋行代理
法国	孖地洋行	约 1887—1915 年	专办火水及船务	只派华人代理
德国	普鲁士国家保险有限公司	约 1886—1910 年	保险	由森宝洋行代理
	德国交通保险有限公司	约 1891—1910 年	保险	由森宝洋行代理
	捷成洋行	约 1897—1908 年	船务	由华商代理
	森宝洋行	约 1886—1910 年	煤油、棉纱及华工出国等	

续表

国家	洋行名称	进驻时间	经营业务	备注
美国	旗昌洋行旗下的扬子保险公司	约1877—1890年	经营水险、火险、意外险及汽车险	由瑞昌洋行代理
	美孚洋行（美国标准石油公司）	待考	经营洋油等	在北海建有煤油仓库
日本	山下汽船株式会社（Yamashita Kisen Kaisha）	待考	航运	
新西兰	南英保险公司新西兰分部	约1891—1910年	保险	由森宝洋行代理
待考	爪哇代理有限公司	约1891—1898年		由森宝洋行代理
待考	Faursemagne & Co., A.	1901—1910年		
待考	Sequeira & Co., Mers. & Gen. Comn. Agts.（刺机士）	约1898—1910年		
待考	Perry & Reiners	约1898—1900年		
待考	晋生洋行（胜家公司）	待考	缝纫机等	
待考	兆祥洋行	待考	代理美孚洋行与Roses S. S. Co. of Haiphong（s. s. "Pierre Michel"）	
待考	白德州航运保险有限公司	约1891—1910年	保险	由森宝洋行代理
待考	Badische Ruck und Mitvers. Ges	约1891—1910年		由森宝洋行代理

资料来源：*The Directory & Chronicle for China，Japan，Corea，Indo-China，Straits Settlements，Malay States，Siam，Netherlands India，Borneo，the Phil ippines.*

随着各国商行不断进驻和业务扩展，北海对外贸易迅速发展。根据海关资料，1877年（北海开埠第二年）洋货进口额为7900两（白银，下同），土货出口额为2400两；到了1879年，洋货进口额便猛增至196879两，土货出口额也增至98972两。10年后（1887年）洋货进口额更是增长到惊人的3067487两，土货出口额已达872533两。如此迅猛的贸易额增长，得益于交通线路的开辟。北海开埠之后，来往南宁、柳州、龙州、贵县（今贵港市）、玉林以及云南、贵州至北海的货物，均在北海集散。同时，帝国主义列强以北海港为中转港，先后开辟了北海—香港、北海—海口、北海—广州、北海—汕头、北海—上海、北海—海防（越南）、北海—新加坡和北海—基隆8条定期或不定期的轮船航线。美国、法国、德国等 20 多个国家和地区的货物先运往北海，再转运上海、香港等地区及新加坡等国家。

外国洋行在北海迅猛发展的背后，是清政府面对帝国主义侵略行径的软弱无能。帝国主义在北海开埠后成立领事机构，掌控了北海的政治大权，随后控制北海海关，掌控经济大权，接着又成立教会，开办医院、学校等相关机构，从而对北海的政治、经济、宗教、教育、文化等方面进行全面掌控。这些都为外国洋行在北海的发展起到了"保驾护航"的作用。以德国森宝洋行为例，其在北海设立后，得益于清政府与帝国主义列强签订的一系列不平等条约和洋人控制北海关的有利条件，加上本身具有的强大航运和商贸实力，森宝洋行在北海的业务迅速扩张。此后，德国还在北海成立领事机构为本国利益服务，同时成立教会机构，加强本国在北海的影响力。20 世纪初，由于其在北海的贸易得到快速发展，森宝洋行遂将该洋行的北海店设为主店。

然而，随着国际国内形势的不断变化，在第一次世界大战爆发后，北海的洋行纷纷倒闭。截至 20 世纪 20 年代，北海的洋行全部撤离，北海所有的洋货均由华商直接从中国香港及越南海防购入。至此，近代外国洋行正式退出北海舞台。

第二节

森宝洋行贩卖华工的那些事

19 世纪 70—80 年代，德商森宝和他的伙伴先后在海口、北海成立以其名字命名的森宝洋行。森宝洋行除开展煤油、火柴贸易外，实际上它还有另外一个主要业务，就是招收和运输华工出洋，俗称"卖猪仔"。虽然森宝洋行本身并不直接出面招工，名义上只做雇船装工的生意，但是实际上它却另外设有招工馆（又称"猪仔馆"），仅在海口的森宝洋行招工馆就有 11 家之多。招工馆通过招募工头在海口、北海及周边地区招收华工，通过将招收到的华工贩卖至新加坡、印度尼西亚的苏门答腊岛和文岛及南洋其他地区，从中获得巨额利润。

为了最大限度招收华工，招工馆通常采取一些诱骗威胁的手段。根据海关史料记载，有些海口的华工是在奸商的诱骗和胁迫下出洋的。华工的家眷一旦发现自己的亲人要背井离乡远洋而去，便去招工馆索人。但是，招工馆奸商却早已把华工深藏起来，不让他们与亲人见面。有的华工家眷向地方官府申诉，即使有官府出面与外国领事理论也于事无补。因为随着时间的拖延，奸商早已将华工逼送上船远洋而去。

森宝洋行每年在海口、北海等地招收的华工，少则数千人，多则上万人。在招收到华工后，就雇佣轮船将华工运往国外。在运输方式上，德国森宝洋行与法国的"哩喱"洋行、"几利么"洋行有所不同。法国的两家洋行在运输华工出洋时，往往将华工分开，或 30 人一起，或 50 人一起，并不自己雇船，而是搭乘别人的轮船，跟普通商人没啥分别，做到神不知鬼不觉地将人运输出去。而森宝洋行则是自己雇佣轮船，或几百人一船，或上千人一船。与法国两家洋行的隐蔽狡猾相比，森宝洋行的贩卖活动则是公开且猖狂的（图 2-2）。

▲图2-2　华工出洋时的场景

　　森宝洋行招收的华工以成年男人为主，此外，还有妇女和幼孩。1908年2月17日琼海关税务司致琼崖道钞字第3329号函文记载，1870年11月30日至1908年2月14日，乘德国轮船出洋的男人有5617人、妇女45人、幼孩640人，幼孩的出口比例接近10%。大量的幼孩被拐带贩卖，引起了地方当局严查。但是，森宝洋行的招工馆耳目众多，早已想好了应对之策。之前大人带小孩出洋，都是放心大胆，每个大人带十个八个小孩不等。而当时，他们知道官府严查后，就将小孩均匀分开，每个大人携带一到两个小孩，并且串通一气，统一口径。如果有人盘问，就异口同声地说是由家中父母托人带出，或者说国外有家人叫唤，如此这般"瞒天过海"。

　　出洋华工的悲惨命运从登船出海的那一刻就已经开始了。华工在出洋途中饿死、渴死、被打死、病死、自杀而死的情况时有发生。1902年，由于北海发生疫病和霍乱，印度尼西亚的文岛禁止进口华工。北海发往文岛的2897名华工在招工馆寓所和轮船上发生染疫和霍乱事件，死亡人数不计其数。即便是到了国外，等待着他们的也是惨不忍睹的苦难生活。根据有关资料记载，华工出洋所到的地区，气候环境和水土环境都很恶劣，导致华工到达当地后疾病不断，因病致亡的达八九成。华工的工作环境也极差，工头的虐待、强迫劳动、过量劳动等恶劣现象层出不穷，生活起居环境也如牲畜的一般。华工形容憔悴，苦病交加，比囚犯还要凄惨（图2-3）。特别要说的是，华工在国外饱受苦难后，能回国的少之又少。

　　就这样，森宝洋行铸成了一部悲惨的华工出洋史。如今，在北海德国森宝洋行旧址内，仍可以窥见当时华工悲惨的命运，发人深省。

▲图 2-3　华工在国外的悲惨生活

第三章
邮驿史话

　　在老街之南、古榕之下，有一座古老的西洋建筑，它就是大清邮政北海分局旧址（图3-1）。大清邮政北海分局旧址坐北朝南，长18.6米、宽6.76米，建筑面积251.47平方米，是一座单层、券拱、长方形建筑，为西洋式教堂建筑。此外，它还有台阶、地垄、门窗等，冬暖夏凉，具有防潮等功能。站在该旧址面前，人们隐约能看到往昔它迎来送往的繁忙景象。

▲图3-1　大清邮政北海分局旧址

　　1876年，中英两国签订不平等条约《烟台条约》，把北海开辟为对外通商口岸。英国率先在北海设立领事馆并控制北海海关。1882年，为办理外国驻北海使团、官员、眷属往来信函和包裹等邮递业务的需要，北海海关附设邮务办事处，后改称"海关寄信局"。1896年3月20日，清政府创办"大清邮政"。1897年2月2日，北海"海关寄信局"被转为清政府开办的"大清邮政北海分局"。

1897—1903 年，作为北海大清邮政分局办公地点，处理邮政业务。1903—1910 年，作为北海邮界总局办公场所。中华民国期间，先后作为北海一等邮政分局和北海二等邮政分局的办公场所。1952 年 9 月，邮政局、电信局合并后，作为邮政业务营业窗口。1956—1957 年，作为北海东街邮电所的办公场所。

该旧址是目前广西尚存历史最长、保存较完整的邮政局旧址，是我国不可多得的邮电文物，是研究北海近代史、邮电史、建筑史等方面的重要实物资料，具有较高的历史价值和学术价值。于 2006 年 5 月被国务院公布为全国重点文物保护单位。如今，该旧址作为北海近代邮电历史陈列馆对外开放，通过陈列大量珍贵的资料及文物和复原场景，向公众展示近代中国与外国、官方与民间在北海开办的邮电通信业务的发展历史。

第一节

各路邮局之争

近代北海邮政机构按形成时间顺序分为民信局、邮政局和客邮局。民信局是民间唯一有组织的通信机构。1870年，北海私人铺商在东华街（今珠海中路）开设广西最早的民信局——"森昌成"号，其后又出现了"保太和"号。民信局内通常设一名账房，专门办理收寄钱物、书信业务，雇用若干脚夫沿途递送和收寄货物和书信（图3-2），兼营汇款和货运业务，具有方便百姓、安全可靠、信用好等特点。在民信局兴盛之时，1896年清政府开办了"大清邮政"，翌年"海关寄信局"转入大清邮政北海分局，其后近30年时间官办的北海邮政分局均为外国人掌管，成为外国人掌控北海邮政业务的工具。1899年，法国驻北海领事馆私设"法国信馆"，即客邮局（清政府将外国在华经营的邮局统称"客邮局"）。客邮局主要经营外侨在华的通信业务。至此，北海出现了官办、民办、洋办的三大通信机构，三者相互排挤、相互斗争，形成一番明争暗斗的场景。

▲ 图3-2　大清邮政时期肩挑货物的邮差

1899 年，大清邮政总局公布民信局章程，规定凡已设大清邮政局之地的民信局，必须向当地的大清邮政局登记注册商号，领取执照方可经营业务。北海"森昌成"号和"保太和"号，于 1910 年向北海副邮界总局登记注册继续营业。大清邮政局利用降低资费的手段及其官办的特殊权势和民信局展开业务竞争，极力排挤民信局。民信局也以降低资费的手段支撑营业，但由于不及邮政局收寄范围广、传递速度快，因此收取的信件急剧减少。1905—1907 年，北海民信局包封信件从 6125 件下降到 2730 件，并取消了汇兑业务。1909—1911 年，北海民信局每年包封的信件分别为 2400 件、1100 件、400 件。民信局虽经联合罢工反抗邮政局的排挤，但也难以支撑，加之地方官吏极力支持邮政局，邮政总局勒令民信局歇业。1912 年北海两家民信局停业，邮政业务统归邮政局经营。

1899 年，法国在北海成立"法国信馆"后不断扩张业务范围，先是开通北海到龙州之间的专线，其后又陆续开通海上邮路，通往海口、湛江、广州、香港等地区，以及越南等国家。1902 年，法国公然侵犯中国主权和邮政权，在北海客邮局收寄的信件上擅自使用法属安南（印度支那）邮局邮票。北海客邮局（法国信馆）为了达到为法国在华官员及家眷与法国国土间通信服务的目的，极力摆脱中国邮政邮资规定的限制，肆意破坏大清邮政的统一经营和管理。客邮局主要还是为外国侵略者对中国进行政治、军事、经济、文化侵略服务的。有些国家还利用客邮局开办的海上和陆地邮路大量贩运鸦片、吗啡等毒品，大量走私、偷漏关税，掠夺中国的资源和财富。辛亥革命以后，随着中国人民不断与帝国主义的侵略行径做抗争，从 1919 年开始，各国设在中国的客邮局才陆续取消，北海的法国信馆也不得不按照 1921 年 11 月华盛顿会议约定的条约而撤销。

第二节

一块"逆袭"的地界碑

1995年初，即距离大清邮政北海分局旧址建造过去大约100年时，一块"沟盖板"进入了文物工作者的视线。这是一块刻有"邮政地界"字样的地界碑，属大清邮政北海分局旧址原物，不知何故被当作水沟盖板使用，被发现后北海市邮电局将其收回。该碑高67厘米、宽26厘米、厚5厘米，正面阴刻正楷"邮政地界"4字，字径约11厘米（图3-3）。

1995年8月，中国邮电博物馆馆长到北海征集邮电文物时，实地考察了大清邮政北海分局旧址，发现地界碑原来共有2块，分别位于

▲图3-3　大清邮政北海分局地界碑

旧址所在院子的东面和南面的墙角下。1996年3月18日，北海市邮电局将其收藏的一块地界碑由专人运到北京，捐献给中国邮电博物馆，作为庆祝中国邮政成立100周年的珍贵文物。就这样，这块曾经作为"沟盖板"的地界碑成功逆袭成为国家级博物馆的馆中之宝；而另一块，则收藏于北海近代邮电历史陈列馆里。

第三节

山拿局长的一对新婚花瓶

2003 年 10 月，北海市文物管理所首任所长周德叶老先生在其收藏家友人家中发现了一对花瓶（图 3-4）。花瓶高 53.5 厘米，口径 17 厘米，腹径 23 厘米，底径 15.5 厘米。2 个花瓶都有阴刻的文字和图案，上款均刻有"北海一等邮局局长山拿先生惠存"，下款刻"北海邮界同寅宋宝鋆、董鸿安、何伯实、李桂庭、陈维翰、苏容和、关志钊、黄骑芝、潘玉冬、杨文光、林华土敬赠"。其中，一个花瓶的腹部中间刻有"雀屏中目"字样，另一个花瓶的腹部中间刻有"鸿案齐眉"字样。此外，2 个花瓶身背面刻有一幅仕女图，图

▲图 3-4　北海邮界送给山拿局长的花瓶（复制品）

案旁落款"仿元人笔法彩云轩潘彩香刻"。由上述可判断，该花瓶应是北海早期邮政相关历史事件的见证物。

关于瓶身刻文提到的北海一等邮局局长——山拿，根据《海南省志·邮电志》记载，1912 年到 1924 年之间的某一时期，有一个名为"山拿"的葡萄牙人担任过琼州一等邮局局长。而根据《北海市志》（清—1990）记载，1912 年"大清邮政"改称为"中华邮政"，1913 年葡萄牙籍人充任北海邮政局局长。由此，可猜测葡萄牙人"山拿"应先后担任过北海一等邮局和琼州一等邮局的局长。

花瓶中的刻文"雀屏中目""鸿案齐眉"是中国人结婚时常用的贺词，寓

意婚姻美满幸福。因此，根据瓶身文字可认为，此花瓶应是山拿局长结婚时，北海邮政界同仁赠给他的新婚礼物，而该礼物缘何流落民间却不得而知。

此外，花瓶雕刻者潘彩香则是清末至中华民国初期钦州坭兴陶器的制作名家。其老练的书法、精湛的技艺为该花瓶增添了较高的艺术价值；同时，作为记录、见证北海早期邮政历史事件的罕见遗物。

第四节

一个锈迹斑斑的保险柜

在大清邮政北海分局旧址内，存放着一个锈迹斑斑的西洋进口保险柜（图3-5），是该旧址原有之物。保险柜通长85.4厘米，通宽68.4厘米，通高142厘米，有2扇门和4个轮子。其中，一扇门内标有"HERRING-HALL-MARVINSAFE. CO."字样，应该是这个保险柜的生产商，至于是何时经何人带来已经无法考证，但在岁月的洗礼下，它却越发地"孤傲"，因为它是该旧址保存下来的为数不多的遗物之一。

▲ 图3-5 大清邮政北海分局保险柜

第四章

海关风云

在北海老街（珠海路）东端的老海关大院内，有一座依山傍海的洋楼——北海关大楼旧址（图4-1）。它建于1883年，距今已有130多年的历史，是北海最古老的洋楼之一，也是北海离大海最近的洋楼，同时还是北海早期的海关所在地。

▲图4-1 北海关大楼旧址全景

北海关大楼是一座方形三层砖木结构的券廊式西洋建筑，长、宽均为18米，建筑面积972平方米。方向朝南，楼顶的中间是方形四面坡屋顶，四周都是"回"字形天台。每层都有宽达2.8米的回廊，廊柱和券拱都有雕饰线，第二、第三层拱春间栏板外侧用有金钱图饰及花卉图饰的镂空琉璃方砖做装饰。室内还有壁炉和壁台。南侧楼外有一个倒"T"形的花岗岩石阶梯通往第二层。底层有一半处于土坡之下。在楼顶的天台上瞭望，苍茫大海一览无余，可以监视港口内外船只的动态，是一座名副其实的"海上关口"——海关。

作为北海最早的洋楼之一，北海关大楼是西方殖民者模仿印度土著建筑并融入西式建筑元素而建成的一种外廊式建筑。随着北海的洋楼不断增多，逐步形成一股兴建西洋建筑浪潮，深刻影响着北海珠海路、中山路等"中西合璧"骑楼建筑的形成与发展。

北海关大楼建成后一直由洋人控制和使用。北海解放后，被划归北海海关使用。由于其承载着北海近代被迫开放的历史记忆，是北海不可多得的历史文化遗产，2001年6月25日被国务院公布为全国重点文物保护单位。如今，历经百年沧桑的北海关大楼旧址已作为北海近代海关历史陈列馆，以崭新的面貌对外开放，把北海海关发展历史、业务活动、产生的影响等一一呈现给观众，让人们在参观北海海关建筑外在景观的同时，也了解了其所包含的丰富历史文化。

第一节

沦为工具的北海关

1876 年，中英签订《烟台条约》后，北海被辟为通商口岸。1877 年，清政府在北海设立"北海关"，是广西"四大关"（即北海关、龙州关、梧州关和南宁关）中最早建立的海关。由于清政府腐败无能，不能有效地收取关税，于是奉行"洋人治关"的政策，聘请有经验的洋人担任税务司（相当于今海关关长）。刚开始北海关租用民房办公，6 年后才开始修建专用的办公楼和海关公馆，北海关大楼（图 4-2）就在此时建成。

▲图 4-2　北海近代洋楼中规模最为宏大的北海关大楼（已毁）

根据《北海文史》记载，北海关从设关之年起至 1942 年，由英国、美国、葡萄牙、法国、俄国、瑞典、荷兰、意大利、奥匈帝国、挪威等 10 个国家的 48 人先后充任正、副税务司，其中以英国人最多。同时，所有其他要职（如监察长、港务长、总巡、帮办、验估、邮政司事等）均由外国人充任。清政府还给外籍帮办以上职务人员授以官衔。清政府历次委任的"海关监督"或"交涉员"虽然与税务司官阶平行，但是实则被税务司架空，并无实权。

北海关虽然是中国的海关，但是其行政、人事、业务等管理大权却落在帝国主义列强的代理人——税务司手中。在洋人操纵北海关的数十年时间，他们始终片面地执行对中国不平等的"协定关税"，长期执行世界上最低的关税税率。此外，他们还将鸦片改称为"洋药"，使鸦片进口合法化。从 1882 年起，每十年北海关编写一份《北海关十年报告》，详尽地记录了北海的工业、农业、人口、文化、教育、金融、交通、航道等情况，这实际上是帝国主义窃取北海政治、经济、文化、军事等情报的手段。就这样，北海关充当着洋人控制北海的工具，而北海关大楼旧址则是这段屈辱历史的见证。

第二节

"孤独"的北海关大楼

　　1883 年，北海关税务司为了方便办公，在当时的城区东郊一处距离海岸约 50 米的土坡上修建了北海关大楼。同时期，在其南侧数百米的高地上也修建了一座税务司公馆（图 4-3）专供北海关税务司及其眷属居住。就这样，北海最早的 2 栋西洋建筑便同时诞生在这块土地上。

▲图 4-3　掌控北海关的税务司的住所（税务司公馆，已毁）

　　随着北海开埠程度的不断加深，海关业务不断扩展，越来越多的洋人被聘担任海关要职。为了方便海关洋员的管理和日常活动，在税务司公馆建成后的第 20 年，北海建起了海关外班洋员大楼。该大楼位于北海关大楼的南侧（今新安街北端西侧海关宿舍二区），是一座面积约 3000 平方米的长方形、三层（含地垄）洋楼，在北海近代洋楼中规模最为宏大。而在此楼建成后，在其东、西两侧又分别建起了洋员俱乐部楼和监察长楼。俱乐部楼里除有桌球外，其北面还建了一个网球场。而监察长楼，顾名思义，就是海关监察长使用的楼房。随着两栋洋楼的落成，此时作为北海关办公、住宿、休闲、娱乐场所的洋楼一共有 5 座，各楼之间相互比邻、相互照应，形成一个海关办公和生活不可分割的区域。

　　随着岁月的流逝、城市的发展，税务司公馆、外班洋员大楼、监察长楼和洋员俱乐部楼等这些曾经见证北海近代历史变迁的洋楼已不复存在，仅剩下北海关大楼这个弥足珍贵的"活化石"。

第三节

洋楼背后的建筑师

自北海开埠以后，伴随着帝国主义侵略而来的除洋人、洋枪、洋炮外，还有教育、医疗、宗教等诸多文化因素的传入。洋楼也是西方建筑文化不断东进的产物。北海关大楼作为北海最早的西洋建筑之一，对当时的北海本土建筑来说，无疑是一种冲击，因为它是如此的"高、大、上"。这样的西洋建筑首现北海，它背后的建筑师又是何许人也？

与赫赫有名的英国领事馆大楼聘请英国建筑师设计、施工不同，北海关大楼的建筑师其实是一名中国人，名叫罗树（约1850—1921年），广东顺德人。他当时是一位年轻有为且有资历的建筑商，于19世纪80年代带了一批工程技术人员来到北海，承建了北海关大楼和税务司公馆。为了工作方便，他在承建的2栋楼的工地之间建起一栋简易的住宅兼办公楼，并挂上商号"义隆栏"的招牌。在承建完这两栋"高、大、上"的北海最早西洋建筑后，他声名鹊起，此后北海许多重要的西洋建筑，如海关外班洋员大楼、北海洋务局办公楼及普仁医院楼等一些洋楼都由他承建，包括稍晚的北海梅园别墅（图4-4）也是由其

▲ 图4-4　罗树建造的北海梅园别墅旧址

建造。时至今日，除了战乱破坏和人为拆除，这些建筑历经百年风雨仍旧屹立不倒，这说明当时的建筑技术堪称一流。罗树作为一名出色的建筑师，在北海工作了 30 多年，他所建造的建筑对后来北海珠海路和中山路的"中西合璧"的骑楼建筑风格产生了深远的影响。

第五章

医院建设

　　19世纪晚期，北海巫医、中医、西医三者并存，几乎形成了"三医"鼎立之势，充分体现了当时北海社会发展的特点。

　　开埠前后，北海的医疗事业比较落后，几乎没有诊所和常驻医生，只有为数不多的游医（即无固定诊所、四方行医的中医）和异常活跃的巫医。当时，北海地区环境状况差，瘟疫频发，严重危及民众的生命健康。民众一旦有病就向庙里的巫医求治。因此，时有"饿死医生，饱死巫人"之说。

　　1876—1878年，英国"安立间"教会到北海传教，发现北海存在瘟疫流行和医药缺乏的情况，认为教会先设立医院，再以此为契机开展传教活动最为有效。1886年，英国"普仁医院"成立，这是北海的第一家西医院。10年后（即1896年），成立普仁医院附属医院——普仁麻风院。1900年，法国在北海开设法国医院，后改称"广慈医院"，这是北海的第二家西医院。这两家西医院均向北海贫苦群众施医赠药，因求医者大部分得到救治，故"就诊者颇众"，致使北海巫医日渐衰落。受此影响，近代北海产生了2家中医院——太和医局、爱群医院。

　　100多年过去了，英国普仁医院及其附属医院——普仁麻风院，以及法国医院（广慈医院）早已不复存在，但那一座座历史建筑及碑刻见证了北海近代医疗发展的历史。

第一节

巫医横行

一、谈"瘟"色变的北海民众

19 世纪，北海经济繁荣发展，但人们的居住条件并没有得到很大的改善。为了货物装卸及交易的便利，人们仍把房子建在沙滩上。放眼过去，整片沙滩上都是使用一些竹子支撑起来的疍家棚式房屋。这些房屋紧密相连，通风透气性较差，人畜混住，厕所随意设置，粪便随意排放，污水横流。1886 年，英国柯达医生初到北海时看到的景象："一上岸就看到很多一排排的房子，用竹子造的，有 12 根竹子扎根沙滩上，台风一来房子就被刮倒了。有 10000 人住在这里……上了岸以后有一条狭窄的街道，通过一条巷子，特别脏，路面崎岖不平，有很多猪和鸡。"[①]

北海拥挤、杂乱、肮脏的环境卫生情况，导致鼠疫、霍乱、天花等烈性传染病经常暴发，严重危害人民健康（图 5-1）。据《北海市志》记载，从 1867年起，北海鼠疫连年流行，天花、疟疾、痢疾、伤寒和丝虫病等急性传染病和地方病几乎年年都有病例发生。翻开记录当时北海情况的史书，经常发现关于瘟疫横行、人们谈"瘟"色变等触目惊心的描述：1882 年，北海城镇及郊区发生鼠疫，全市 2.5 万居民中有 400—500 人死亡。1899 年，北海流行鼠疫，死者不计其数，疫情之严重为开埠以来之最。1910 年 2 月，北海天花病流行，多人死亡；3 月，鼠疫蔓延，北海死人逾千，居民走避一空，三家洋行经理均染疫死亡，大商家携家眷避居海船上亦无幸免；5 月底，疫病才消除。

---

① Edward Horder. F.R.C.S. Edin, *Beggar*, *Waifs and Lepers of Pakhoi in The Church Missionary Gleaner*（London：C.M.S.，May 1903），p.68.

▲图 5-1 反映近代北海鼠患猖獗的漫画

二、饿死医生，饱死巫人

　　19 世纪中叶以前，北海只有一些分散行医的中医，连最简单的诊所也屈指可数，更遑论医院。人们一旦生病便向各村落神庙里的巫医求治。当时以华光庙（旧址在今北海市海城区独树根村，已毁）的巫医最为活跃。

　　据《北海杂录》记载："埠之西约三里，有华光庙，土人信奉之，凡疾病必祈，携备药方一书，诣神前而杯卜之，开服汤药听诸神。"

　　每逢有重病者求医时，巫医便派人扛着华光神像到病人家里看病，一路鸣锣打鼓，巫医和病人（图 5-2）。看病时，巫医将一根长麻皮绳的一端放在神像右手指端下，另一端则系在病人的脉腕上，谓之"诊脉"。"诊脉"之后，再扛着神像到药店买药。当时，民众十分迷信，巫医大行其道，因此北海流传着一句"饿死医生，饱死巫人"的谚语。

▲图 5-2　昔日巫医指派人扛着神像前往病人家里看病的途中场景

第二节

英国普仁医院

一、近代北海最早的西医院

由英国安立间教会华南教区第三任主教包尔腾（图5-3）及传教士柯达医生于1886年创建的英国普仁医院是北海最早的一家西医院。

1876—1878年，包尔腾深入粤西的北海（当时为广东辖地）巡回布道（指为基督教宣讲教义），将基督教新教传入北海。他曾在信件中写道，"北海是一个去年（1876年）为外商新开的通商口岸"，"而这里是广东最西面辖区的中心，北海现在正由于成为口岸而日渐繁华……欧洲商人将北海作为'西部的广州'的观点不断膨胀，最终让他们产生了从这个新开口岸中捞取更多好处的

▲图5-3　包尔腾

渴望"。包尔腾认为北海适合通过开办医院、学校进行传教，该地有望成为当时的钦廉地区乃至粤西地区的教会中心。

不久，包尔腾主教回国向大英传教士协会汇报，决定在北海设点传教，并在该协会中物色传教士兼医生柯达前往北海创办医院，于1885年拨款17500元港币给柯达筹建普仁医院。柯达医生来到北海后，在北海市区南面的"长毛田"荒凉高坡（今北海市人民医院和北海市海城区第三小学所在地）购买4公顷土地，于1886年初破土动工，建造门诊室、病房和医生宿舍等建筑。翌年2月，普仁医院建成并正式开业，成为北海有史以来的第一家西医院，也是我国西南地区

近代最早的医院及我国市、县一级最早的西医院。

然而，开院之初，崇拜巫医的小部分北海民众对这家外国医院很不信任。尽管柯达医生赠医施药，但是医院还是门可罗雀，前来看病的人少得可怜。但柯达并不灰心，每天手提药箱，徒步深入各个乡村给贫苦大众免费看病治疗，成功救治了一个个巫医无法治愈的患者。时间长了，柯达终于获得民众的信任，前往医院门诊求医的患者不断增多。

据《中国海关北海关十年报告（1882—1891）》记载，1891 年普仁医院病人总数达 8000 人次，不收任何费用，开支由各方自愿捐助及由教会每年补助 570 元。另据 1905 年出版的《北海杂录》记载："普仁医院……驻院英医士一名，赠医施药，不受分文，每日本埠及附近村落就诊者颇众，每年就诊者三万余宗。"

北海普仁医院的业务得到不断发展。1895 年，在廉州开设了 1 个医疗站。翌年，在本院旁边开设了附属麻风院，专门救治麻风病人。1899 年，在高德也建立了 1 个医疗站，并设有药房，开业仅 8 个月，看病人数就超过 3000 人。1911 年前后，普仁医院的业务扩展到附近的合浦、钦州、灵山等地，并在这些地方均建立了医疗站。此时普仁医院本院月门诊量最多时达 17000 人次，而廉州医疗站月均门诊量多达 9400 人次。

二、近代我国最早的麻风病医院

麻风病可致畸、致残，会传染，严重威胁人类的身心健康。清朝晚期，由于医疗技术落后，我国麻风病肆虐，多个省份各个阶层均有人患麻风病，数量竟达数十万人。因此，19 世纪的中国曾是全球公认的麻风病流行最严重、患病人数最多的国家之一。当时人们对麻风病十分恐惧，闻之色变，麻风病患者常常遭到社会遗弃甚至残杀（图 5-4）。

1886 年北海普仁医院创建时，便正式收治了第一位麻风病患者——魏理安。据《中国海关北海关十年报告（1882—1891）》记载，普仁医院于 1887 年 2 月开业，设一"传染科"收治麻风病患者，同时留有一些床位给麻风病患者，只是其病房与医院其他地方完全隔离，且用篱笆围住以防其他患者等误入。又据中华圣

▲图 5-4　近代北海麻风病患者

公会熊家振于 1949 年撰写的《北海普仁麻风院历史沿革及现状概述》记载，柯达医生"因见每日就医患者中不鲜（少）癫民（即麻风病患者）"，1889 年经请示教会同意，"在普仁医院左侧，购地筑舍，别为一院"，专门收治男性麻风患者，取名"普仁分院"。

1896 年，女麻风院成立，院址在普仁分院南面，两院间建一高墙隔开。《北海杂录》记载："光绪二十一年（1895 年），院内并设风院（即麻风院）一所，座分男女。查现年（1905 年）风人（即麻风病患者）居院者，男八十名，女四十七名。"与《北海普仁麻风院历史沿革及现状概述》记载的内容实为同一件事，此时的普仁麻风院真正成为一家专门的麻风病医院（图 5-5），附属于普仁医院，由柯达医生兼任院长。

1935 年，因北海市区不断扩大，广大市民不满麻风院过于靠近市区。于是，普仁麻风院被整体搬迁到市郊的白屋村附近（今北海市皮肤病防治院）（图 5-6）。翌年，新建的普仁麻风院落成，正式从普仁医院中独立出来，自成一家医院，隶属于中华圣公会管理华南教区。1952 年，北海市人民政府接管了普仁麻风院，并将其更名为"北海市麻风病院"。之后，该医院又几易其名，于 1981 年改称"北海市皮肤病防治院"至今。

普仁麻风院是我国最早的麻风病医院。自 1886 年开始，英国普仁医院及普仁麻风院收治了大量的麻风病患者，采用住院隔离、新型科技及精神疗法等方式救治、治愈了许多患者，给那些在绝望中痛苦挣扎的麻风病患者群带来一线生的希望。

▲图 5-5　近代北海普仁麻风院

▲图 5-6　1935 年 11 月动工兴建的北海普仁麻风院新址

三、近代北海最大的西医院

　　英国普仁医院及普仁麻风院在北海的发展经过了三个阶段：早期阶段（1886—1896 年），普仁医院逐步建成了门诊室、病房、医生宿舍、教堂等建筑；鼎盛阶段（1897—1935 年），普仁医院已形成三大片区，业务扩展到合浦、钦州、灵山等地，是北海最大的西医院，并已成为英国圣公会在中国南部传教的重要基地；后期阶段（1936—1952年）普仁麻风院脱离普仁医院，独立发展。

根据英国圣公会1896年的"北海教会医院及麻风病收容所"建设项目总平面设计图记述：1886年普仁医院建成；1891年北海区教堂及临时麻风病区建成；1894年医院扩建，建有麻风治疗室；1896年女麻风病区建成。该总平面设计图将医院划分为三大片区，即普仁医院区、麻风院区及女子寄宿学校区，充分反映了北海普仁医院及普仁麻风院在1896年初具雏形的早期发展历史。

普仁医院区的建筑群按照使用功能可划分为医院教堂、医务室、洽谈室、男病房（4栋）、女病房（2栋）、单人病房（2栋）、助手室、八角楼、门卫室、预约室、行李室、仆人室、厨房、教室、贮藏室。麻风院区的建筑群包括治疗室、教堂、学校、男病房（3栋，其中1栋拟建）、女麻风病区、附属建筑等。女子寄宿学校区的建筑群包括读经室、厨房、卧室、总管室、教室、女教士卧室等。

进入20世纪，北海普仁医院修建的建筑越来越多，规模越来越大。1905年新建了护士楼、圣路加教堂，1906年新建了高级医生楼……1919年，英国圣公会在北海的传教基地达到最大规模，共有12类主要功能区（图5-7），分别是

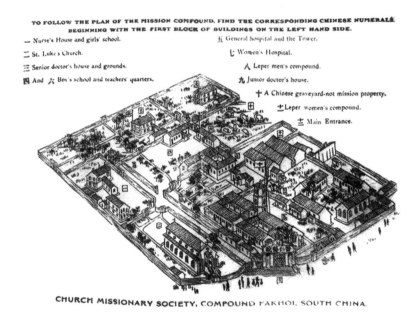

▲图5-7　1919年英国圣公会在北海的基地图
（图中"一"是护士楼、女校，"二"是圣路加堂，"三"是高级医生楼，"四"是男校，"五"是普通科医院、八角楼，"六"是教师宿舍，"七"是妇科医院，"八"是男麻风病房，"九"是普通医生楼，"十"是墓地，"十一"是女麻风病房，"十二"是主入口）

护士楼及女校、圣路加教堂、高级医生楼、男校、普通科医院、八角楼、教师宿舍、妇科医院、男麻风病房、普通医生楼、女麻风病房。此基地集行医、传教、教学及生活功能于一体，外面建立了保护围墙，里面三大片区之间又用围墙隔开。假如将基地这些建筑物一字排开，长度可达 6.4 千米。

1936 年，普仁麻风院从普仁医院中独立出来，整体搬迁到郊区，普仁医院仍继续在原址营业，直至中华人民共和国成立才歇业。1952 年，普仁医院及麻风院等的建筑被北海市人民政府接管。

四、近代北海最高楼

1886 年，普仁医院刚开始兴建时，就修建了一座八角楼建筑作为医生办公楼。这座八角楼是当时北海最高的楼房（图 5-8）。

八角楼是一座三层砖木结构的"中西合璧"建筑，楼高 13.2 米，地垄高 2 米，边长 2.75 米，对称边距 6.7 米，是当时北海的地标性建筑。该楼是中国传统建筑风水学与西方现代建筑理念结合的产物，在我国近代建筑史上罕见。其第一层原为教堂，第二层原为医生办公楼，第三层原为医生宿舍。屋顶原为攒尖顶，后被拆除，改为天台（图 5-9）。

▲图 5-8　普仁医院旧址及八角楼原貌老照片

▲图 5-9　攒尖顶改为天台后的八角楼老照片

1886年八角楼兴建时，普仁医院的东、南、西三面还是一大片荒坡，北面基本上都是一层或两层低矮的商居两用的房屋，而北海市区周边则是许多篱笆竹瓦屋。因此，坐落在市区南面高坡上的八角楼显得特别醒目。《中国海关北海关十年报告（1882—1891）》中曾这样描述八角楼："该院（普仁医院）于一八八七年二月开业，是一高大坚固的大厦，高高地建在平地上，俯瞰全港。"由此可见，当时八角楼在北海市区可谓"鹤立鸡群"，不但是北海当时最高的建筑，还是那一时期北海的代表性建筑。它的这一优越地位在北海市区的近代建筑群中保持了半个世纪之久。

后来，八角楼曾被改作洋人宿舍，中华人民共和国成立后曾作为医疗办公室，现为北海市人民医院保卫科办公室。如今，它已成为西方医疗技术较早传入北海的历史见证和北海重要的近代建筑。

五、院长出资建设的医生楼

1906年，北海普仁医院第二任院长李惠来自行出资建成医生楼（图5-10），作为医生的居室。此后，医院的数任院长均居住于此。

▲图5-10　近代北海英国普仁医院医生楼的老照片

该医生楼是一栋类似 19 世纪英国别墅建筑风格的两层楼房，砖木结构，坐北朝南，平面呈长方形，长 26.2 米、宽 12.9 米、高 12.2 米，建筑面积 675.96 平方米。屋顶为木桁架结构，四阿顶，灰砂瓦垄。上、下两层四周均设回廊，中间为居室，隔为 4 间，底层有地垄。回廊由方形檐柱连接券拱门构成，前廊为敞开式，两侧及背面为封闭式内廊。外墙粉刷浅黄色，内墙白色，室内还设有壁炉。此楼不但内外结构风格协调，而且冬暖夏凉，具有防潮的功能。医生楼四周林木荫翳，环境清幽，透出英式别墅建筑的高雅格调。

中华人民共和国成立后，该医生楼曾被改作北海市人民医院的病房、医疗器械储藏室。2004 年，该楼得到一次全面的维修，维修好后作为北海市人民医院的院史展览馆至今（图 5-11）。

▲图 5-11　维修后的北海普仁医院旧址医生楼

六、西国岐轩在北海

清朝末年至中华民国初期，北海普仁医院的外国医生医术高明、医德高尚，获得患者的普遍认可。当时普仁医院候诊室的墙上悬挂了许多患者赞扬医生的木匾，其中的一块上面书写着"西国岐轩"四字，为"西方名医"之意。

根据《北海普仁麻风院历史沿革及现状概述》记载，1886 年以来一共有 7

名洋人医生担任北海普仁医院和普仁麻风院的医生或院长。这些洋人医生被赞誉为"西国岐轩"，均毕业于英国的高等医学院校，拥有高级职称和丰富的实践经验。

柯达（Edward George Horder），英国人，英国皇家外科医学院院士，持英国爱丁堡皇家内科医学院执照（图5-12）。在1886—1905年的20年间，他创办了北海普仁医院及普仁麻风院，并担任第一任院长兼医生，他几乎负责了全部的繁重医务。《中国海关北海关十年报告（1892—1901）》记载："柯达医生……一个用医务献给教会的教徒，他在自己创立的医院工作了十七年，他亲自动手术，常常独自一人工作，一九〇一年治疗的病人比上年多一万人次，这确实是一个巨大的数字。"他采用大风子油药物和实施截肢手术的方法来改善麻风病患者的病情并延长其生命。

▲图5-12　北海英国普仁医院首任院长柯达医生

郁来（Leopold G. Hill），英国人，英国皇家外科医学院院士，持英国皇家内科医学院执照。1895—1905年，他被派到北海普仁医院协助柯达院长工作。他在柯达院长因病回国治疗期间，挑起医院繁重的医疗工作重担。1902—1904年，他代任普仁医院院长，扩建了普仁麻风院，使其成为中国最大的麻风院。

他先后在北海周边的乡镇开设了
廉州、高德、山口、南康等5个
医疗站，这些医疗站实际上就是
中国最早的一批"乡镇卫生院"。

　　李惠来（Neville Bradley），英
国人，利物浦大学外科医学士、
医学博士，英国皇家外科医学院
院士（图5-13）。1906—1912年
担任北海普仁医院及普仁麻风院
第二任院长。其间，他积极筹款、
出资扩大医院规模，改善医院医
疗环境；从英国伦敦购买了当时
最先进的X射线仪器，以提高医
院诊疗水平；购置了印刷机并在
医院内开设印刷所；邀请地方官
员参观麻风院，力求破除人们对
麻风病恐慌的心理。他的医术高
超，求医者甚众，挽救了不少危
重病人。

　　谭逊（Hubert Gordon Thompson），
英国人，利物浦大学外科医学
士、医学博士，英国皇家外科医
学院院士（图5-14）。1907—1914
年在北海普仁医院及普仁麻风院
协助李惠来院长工作，培训了中国
助手，募捐资金为医院添置医疗
设备，对医院进行改扩建。1912—
1914年担任代理院长。他的医术

▲图5-13　北海英国普仁医院及普仁麻风院第
二任院长李惠来（前排居中）

▲图5-14　北海英国普仁医院谭逊医生

精湛、医德高尚，经常骑马出诊廉州、灵山、钦州等地，救治了许多的患者，声誉响遍钦廉，深得各界好评。

班查梨（G. G. S. Baronsfeather），爱尔兰人，文学硕士、医学博士、法学博士。1910 年奉派到北海普仁医院协助李惠来院长工作。1917—1920 年，他担任北海普仁医院及普仁麻风院第三任院长。他使用新方法"胶体锑"治疗麻风病患者，大大提高了治愈率。第一次世界大战爆发后，普仁麻风院经费中断，麻风病患者口粮无继。他频频解囊相助，并募集经费和开展救济活动，帮助麻风病患者渡过生活难关。因医疗工作出色，他获得了广东省北海洋务局的表彰。

屈顺（Alexander J. Watson），英国人，药剂师，英国纽卡斯达勒姆大学内外全科医学士、医学博士。1924—1926 年，他担任北海普仁医院及普仁麻风院第四任院长。到任后，他重新开放了因没有执业医生而一度关闭的北海普仁医院的普科医院及普仁麻风院的男病房，当年医院门诊量就猛增至 1.6 万人次。他购置了北海普仁医院第一辆救护车，采用一种名叫"the Ethyl of Ohaumoogre Oil"的药物来治疗麻风病，疗效显著。他于 1929 年撰写的博士学位论文《对现代麻风治疗的一些观察》颇有影响力。

罗素（Gilbert L. Russell），英国人，圣公会牧师，爱丁堡大学内外全科医学士。1935—1937 年在北海麻风院工作，他参与新普仁麻风院的设计筹建工作，并成为新普仁麻风院的第一任院长，撰写了《北海新老麻风医院的风雨历程》一文。不幸的是，因罗素医生忙于搬迁筹建新普仁麻风院，其幼小的女儿因无人照料而掉进水坑，永远地离开了他。

七、普仁医院创下的"中国之最"

1886 年创建的北海普仁医院，是近代中国最早的西医院之一，也是中国西南地区最早的西医院，还是中国最早的县、市级西医院。北海普仁医院是近代中国最早引进西方近现代医院管理模式的医院之一，同时也是近代中国最早使用医用显微镜的医院之一。

1890 年，北海普仁医院引进了 3 台世界先进的铅字印刷机（图 5–15），让患者学习印刷技术，创建了北海首家印刷厂；在中国首创应用截肢术、口服大

▲图 5-15　北海英国普仁医院的铅字印刷机

风子油、身心疗法治疗麻风病的新疗法。1895 年，北海普仁医院在廉州开设医疗站，这是近代中国较早的乡镇卫生院之一。1932 年，北海普仁医院从西方引进了 2 台医用冰箱，是我国最早配置这种医疗设备的少数医院之一。

1895 年正式成立的北海普仁麻风院是近代中国最早和最大的国际性麻风病专业防治机构。1906 年，发明了采用注射大风子油治疗麻风病的方法。1911 年，发明了用 X 射线电疗等治疗麻风病的新方法。1917 年，首创注射"胶体锑"治疗麻风病的新方法。1928 年，发明静脉注射"安癞露"的治疗方法，成功治愈晚期麻风病患者。

八、幸存的英国医院石匾

如今，在北海市人民医院院史展览馆正门旁边立放着一块"英国医院"石匾（图 5-16）。石匾宽 195 厘米、高 75 厘米、厚 14 厘米，字径 40 厘米，"英国医院" 4 个大字用赵体楷书阴刻而成，无上下款，保存完好。许多游客对这块石匾的书法艺术大加赞赏，但同时又提出一些疑问：北海也有英国医院？这块石匾原镶嵌于何处？

▲图 5-16　"英国医院"石匾

　　1987 年夏，北海市文物管理所所长周德叶经过北海市人民医院时，发现有一块花岗岩石板放在门诊楼前面的马路边。只见它背面朝天，重达几百斤，不易翻动。有一天，周所长想到此石板可用来镌刻文物保护单位的碑文。在征得医院领导同意后，他请来几位工人，费了九牛二虎之力，才把它运到北海市文物管理所的办公场所普度震宫院内安放。当工人把石板卸下车时，周所长惊奇地看到石板的正面刻有"英国医院" 4 个大字，他没想到无意中竟运回了一块珍贵的石匾。

　　可是北海历史上只有英国圣公会开办的普仁医院（今北海市人民医院的前身），没有英国医院。《北海杂录》记载，普仁医院创于 1886 年，为英耶稣教士所设。根据记载可知，普仁医院创建之初就称"普仁医院"，并说明是英耶稣教士所设，而不是英国政府所设。周所长顿时疑窦丛生，这块"英国医院"石匾究竟是从何而来，它又与英国圣公会开办的普仁医院有何关系呢？

　　随后的十余年，周所长查阅了大量资料，最终破解了这些谜团。他在查阅广西基督教史料时了解到，英国国会于 1534 年曾通过法案，将英国圣公会立为国教，实行政教合一，国家君主自任教主。这也意味着，1886 年英国圣公会在北海建立教会医院代表的就是政府的行为。最初北海普仁医院的创建者想把医院的名称定为"英国医院",并制作了"英国医院"石匾。但这一初衷很快就被改变,原因是自 1840 年第一次鸦片战争爆发后,以英国为首的帝国主义列强的入侵,给中国人民带来了深重灾难,为此,中国人民的反帝浪潮从不间断,甚至风起云涌。普仁医院的创立者——英籍传教士柯达医生于 1885 年前后到北海行医时,曾遭遇在岸上租不到房子住,晚上不得不在船上过夜的情况。迫于形势需要,为避免冲突,柯达医生权衡再三,最后决定弃用这块已制作好的石匾,把院名更改为"普仁医院"。

"普仁"一词在基督教中是指"基督的爱无边际",而中国古代思想家墨子对"普"的解释为"圣人之德,若天之高,若地之普",孔子则说"仁"是以"爱人"为核心,所以"普仁"二字既有西方圣贤宣扬的"普施仁义"的精神,也有中国儒家以"爱人"为核心的观点。柯达医生取这样一个中西适用的院名,无疑是明智之举。此后,普仁医院也得以在北海平安地度过了 66 个春秋,完成了它的历史使命。

北海"英国医院"石匾在历史的尘埃中湮没了 100 年,今天才得以重见天日。不可否认,它已成为近代西方医疗技术和英国圣公会介入北海的珍贵历史见证。鉴于其重大的历史价值,北海市文物管理所将石匾归还给市人民医院,医院也将它作为珍贵文物加以保护和展示。

第三节

法国医院

一、北海第二家西医院

　　鉴于英国在北海开设普仁医院，施医赠药，救治了不少经过拜神求巫也治不好病的危重患者，在一定程度上缓和了民众的排外情绪，极大地促进了传教。因此法国效仿英国，于1900年派医生到北海，在旧猪行（今和平路）租用民房建立医务所。该医务所和英国教会医院一样，对市民施医赠药，故求医者日渐增多。

　　法国为了扩大医务所的作用和影响，于1905年秋在距法国驻北海领事馆西面100多米处建立法国医院（图5-17）。这是北海开埠以来，继英国圣公会在北海开办普仁医院后，其他国家在北海开办的第二家西医院。法国医院内一栋占地面积为453平方米的两层洋楼作为医院门诊部，还有留医部、医生楼等附属建筑。该院的历任院长和医师均为法国人，其中顾而安任第一任院长兼医师。

　　法国医院的规模虽然没有普仁医院大，但是其办院卓有成效。所有求医的

▲ 图 5-17　建于 1905 年的法国医院（已毁）

人均被接纳且受到细心的诊治，许多疾病都得到很好的治疗，使得这所医院的名声传播到远离北海的地方。1932 年，由于法国经济危机，法国领事馆停办了这家设在北海 28 年之久的医院。

二、广慈医院

北海法国医院停办后，法国天主教北海教区贲德馨主教向法国驻越南的行政长官租用北海的法国医院及其医疗设备，开设北海天主教的教会医院，院名改为"广慈医院"。

广慈医院历任院长及其在职期限简况：1935—1940 年，越南籍医生吴士规担任第一任院长兼医生；1941—1944 年，中国籍医生吴大顺担任第二任院长兼医生；1947 年至中华人民共和国成立前夕，法籍医生马仕敬担任第三任院长兼医生；中华人民共和国成立前夕至 1950 年，法籍医生高雅惠担任第四任院长兼医生；1950—1954 年，中国籍医生葛嘉材担任第五任院长兼医生。

1954 年，广慈医院与北海市人民医院合并，从此结束了这家教会医院的历史使命。

1995 年，当时的使用单位拆除了广慈医院，在旧址建了一座商场，称"广慈商场"。如今，只有商场前面的 2 棵百年老樟树见证过这家经历了大半个世纪的外国医院的历史。

近代北海英国普仁医院及普仁麻风院、法国医院（广慈医院）的陆续开办，在一定程度上起到了传播西方医学和破除封建迷信的作用。如今昔日规模最为宏大的英国普仁医院仅留存八角楼和医生楼 2 座建筑，法国医院旧址仅有 2 棵百年老樟树还存于世。这些遗存见证了近代西方医疗技术传入北海的历史，默默诉说着北海近代医护人员治病救人的故事。

第六章

学校肇端

　　1876 年，中英《烟台条约》将北海与宜昌、温州、芜湖列为对外通商口岸。此后，西方的传教士陆续来到北海，兴办教会学校，在扩大西方宗教信仰影响力的同时，也向北海的民众普及了西方先进的技术、科学理论和人文思想。外国教会于 1886 年开始在北海设立学校，共有 12 所，其中英国学校 4 所、法国学校 5 所、德国学校 1 所、美国学校 2 所。时至今日，唯独英国贞德女子学校旧址得以保留下来。

　　辛亥革命后，一些有识之士纷纷兴办学校，试图通过新式教育传播西方的先进技术和科学理论，渐而达到富国强兵的目的。近代北海教育得到发展，官办学校开始出现，包括小学学校、初中学校、高中学校及女子学校等。1926 年成立的合浦县立第一中学称得上是近代北海官办学校的代表。如今，合浦县立第一中学只有合浦图书馆保存下来。

第一节

贞德女子学校

贞德女子学校旧址位于现在的北海市人民医院大院内，建于 1905 年前后。共两层，券拱结构，前廊宽 1.9 米，两面坡屋顶，主体建筑长 16.3 米、宽 8.65 米，建筑面积 281.99 平方米（图 6-1 至图 6-3）。

▲图 6-1　贞德女子学校旧址全景

贞德女子学校是英国安立间教会于 1890 年在北海市开办的第一所女子小学，校址设在普仁医院旧址（现北海市人民医院内）右邻，属"英国义学"之一。其课程主要包括"专授中国经书、地理、算学、信札、体操"[1]及学习缝纫、刺绣等针线活。该校开办之初，入学的女生仅 10 名左右，至 1905 年增加到 70 名左右。学校不但对学生免收费用，而且学生还可在学校免费食宿。此外，该校有女传教士用拉丁文教加入圣公会的老年妇女读经书及其他书籍。贞德女学

---

[1]　北海地方志编纂委员会编《北海时稿汇纂》，方志出版社，2006，第 14 页。

▲图 6-2　贞德女子学校旧址的前廊

▲图 6-3　贞德女子学校旧址的屋顶结构

校共办了 36 年，其间与地方上一件颇有历史意义的事件及 2 位女英雄有关，给这所具有史料价值的学校增添了几笔斑斓的历史色彩。

大革命时期的 1926 年 3 月，我国发生了因"大沽口事件"而引发的"三一八惨案"，激起全国的反帝怒潮。当时贞德女子学校学生罢课响应，遭到校监董恩典（人称"董姑娘"，英籍女传教士）的压制。她不但开除进步学生，还公开踩踏中华民国国旗，激起北海市人民的愤怒。在当时北海驻军第十师（师长陈铭枢）的支持下，北海民众把这位依仗帝国主义势力作威作福的董恩典驱逐出境。这是当时很有影响的反帝事件。

贞德女子学校是以中世纪法国一位著名的女民族英雄——"贞德"（约 1412—1431 年）的名字来命名的。贞德在英法百年战争中，力抗强敌，保卫祖国，却不幸遭到出卖而被捕，她宁死不屈，最后被以女巫、异教徒等罪名被判处火刑，牺牲时年仅 19 岁，其英雄事迹可歌可泣。在贞德牺牲 500 年后，在地球东方的北海，也出现了 2 位女英雄，她俩都曾在贞德女子学校读书。

一位是钟竹筠。她是当时广东南路地区最早的女共产党和领导人之一，于 1927 年的"四一二"反革命政变时被捕。她在狱中受尽折磨，致双腿不能走路。1929 年 5 月 31 日，敌人押着她坐上一辆黄包车，沿着中山路往西炮台而去。"车至刑场……她两腿坚定地站在刑场上，最后一眼望了望多难的祖国大地，迸尽力气高呼：'中国人民解放万岁！中国共产党万岁！'"（摘自张九皋《舍生忘死为革命，英烈浩气万古传》一文）牺牲时，她年仅 26 岁。2006 年 5 月 14 日，中央电视台新闻联播栏目系列报道"永远的丰碑"一节详细介绍了钟竹筠短暂而光辉的一生。

另一位是沈卓清。她于 1926—1927 年"白色恐怖"期间，在广州与邓颖超、区梦觉、陈铁军等同志一起开展地下革命工作。1927 年 4 月 15 日，她获悉国民党反动派将在广州进行大屠杀，便冒着生命危险到医院通知正在住院的邓颖超同志赶快撤走。之后由于叛徒的出卖，沈卓清不幸被捕。在狱中，敌人"把她的辫子吊在梁上，用鞭子把她打得遍体鳞伤，昏死过去后又泼冷水把她冻醒；用十根钢针敲入她的十个手指……沈卓清始终不招一个字，不落一滴泪……"①。最后，沈卓清于 1930 年 2 月 10 日在广州红花岗英勇就义，年仅 24 岁。

　　这两位女英雄光辉的斗争事迹有许多与贞德相似之处，她们是"贞德式"的英雄，她们的名字将永远载入北海近代革命斗争的史册。

---

① 北海市政协文史资料委员会编《海门回声——北海文史第一至十七辑合编本（壹）》，2013，第 130-131 页。

第二节

合浦图书馆

当人们走进北海第一中学解放路校区，便会看到一座米黄色的两层洋楼，该洋楼坐东朝西，四面坡屋顶，造型美观、别致。各层有回廊，廊间的券拱边缘有雕饰线，各廊柱两侧有仿罗马式的"科林新"柱头。正门有门厅，厅两侧为石台阶。地台高 1 米。这是一栋具有欧洲古典建筑风格的楼房，它就是北海最早的图书馆——合浦图书馆（图6-4、图6-5）。该馆设计规范，冬暖夏凉，防潮性能极佳，最适合于藏书。在 20 世纪 20 年代的北海，建造这样一栋建筑面积达 600 平方米的图书馆是很不容易的事。创建该馆的人如果不是出于对北海文化事业的关心和重视，就不会有如此的义举。这位创建人就是我国著名的爱国人士陈铭枢先生。

▲ 图 6-4　合浦图书馆旧址正面

▲图6-5　合浦图书馆旧址全景

　　陈铭枢（1889—1965），字真如，号一缘，生于1889年，广西合浦县曲樟乡璋嘉村人，是我国近代著名的民主革命家、爱国将领，也是一位颇有名望的诗人、书法家、出版家和佛学家，集文韬武略于一身。他是中国国民党革命委员会的卓越创始人和领导人，也是中国共产党长期合作的亲密朋友。在半个多世纪的时间里，他为我国的民主革命和社会主义事业做出了重要贡献。

　　陈铭枢先生虽然是一位军人，但是他一生热心于家乡的文化教育事业。1926年初，在他的大力支持下，创办了"合浦县立中学"（北海解放后改名为北海中学，现为北海第一中学解放路校区）。翌年冬，他出资在校内兴建了合浦图书馆。该图书馆建设历时1年，在图书馆正门顶壁上刻有陈先生手书的"合浦图书馆"5个大字。该馆成为师生博览群书、借阅书刊和撰文作画的好地方。1938年，赵世尧、陈任生、韩瑶初等一批中国共产党党员利用在该校任教的机会，在图书馆的楼上开展地下革命活动。因此，该图书馆又成为当时中国共产党在北海的重要活动地点之一。

　　北海解放至1994年，合浦图书馆旧址一直作为北海中学的图书馆。1955年陈铭枢先生重返故里，到北海中学访问，还给全体师生做报告。他在晚年仍对家乡的教育事业如此关心，实在令人敬佩。1965年陈铭枢先生病逝于北京，享年76岁。由于北海中学的不断扩大和学生的日益增多，该馆的藏书和使用面积已不能适应形势发展的需要，于1994年新建了一座规模更大的图书馆。至此，这座合浦图书馆完成了它所担负的大半个世纪的任务，但其历史价值早就受到北海市人民政府的重视，并于 1993 年被核准为市级文物保护单位。合浦图书馆旧址于 1996 年 10 月被辟为北海中学校史展览馆和陈铭枢纪念室，与著名的民主革命家陈铭枢先生永远联结在一起。2013 年 9 月，北海中学搬迁后将合浦图书馆旧址移交给北海市第一中学，2018 年完成维修，计划开设为北海市教育历史陈列馆。

第三节

廉州府中学堂及廉州中学图书馆旧址

一、廉州府中学堂

廉州府中学堂建于清末，为中西结合的硬山顶砖木结构建筑，占地约300平方米，外檐下为联柱拱廊，门廊向外处凸出一拱作为"踏步"（阶梯），上书"廉中"2个字（图6-6）。

▲图6-6　廉州府中学堂旧址

廉州府中学堂的前身是明朝于1522年创办的海天书院，1706年易名为还珠书院，1753年又改名为海门书院，1905年废科举、兴学堂，成立廉州府中学堂，为廉州中学的前身。自1912年以来，廉州中学历来是广东、广西的重点中学，素有"钦廉四属最高学府"之称。早在1919年五四运动时期，廉中学生在"钦廉四属"率先举起反帝反封建的大旗，积极投身新文化运动。20世纪30年代初，马克思主义思想开始在廉州中学传播。1934年，杜渐蓬、何承蔚（谈星）、何世权（李英敏）等进步学生组织开办艺宫文学社，传播革命和进步思想。1938

年建立中共廉中支部；同年底合浦抗日先锋总队在廉州中学成立，积极开展抗日救亡运动，一批批学生奔赴延安参加革命。1939 年，廉州中学迁址至小江（今浦北县城），师生组织抗日战地服务团，开赴前线慰问抗日将士。廉州中学师生始终把自己的命运同祖国的命运紧紧联系在一起。在抗日战争和解放战争时期，不少学生投笔从戎，英勇奋斗、前赴后继，用鲜血和生命谱写了廉州中学历史的光辉篇章。

二、廉州中学图书馆旧址

廉州中学图书馆建于清末至中华民国初期，坐北朝南，为两面坡瓦顶仿西洋风格的砖木结构二层建筑，占地面积 122.12 平方米；四联柱拱廊，压檐处"女儿墙"的正中堆塑"图书馆"3 个字（图 6-7）。该馆保留了 6000 余册清代至中华民国初期的线装古籍。

▲图 6-7　廉州中学图书馆旧址

第四节

真如院

　　真如院（图6-8）位于北海市合浦县公馆中学内，是1930年时任广东省主席陈铭枢于在其家乡公馆镇集资创办合浦县立第五中学（校名"合浦县立第五中学"由陈铭枢先生亲笔题写）时，捐资建造的学校图书馆（后也用作教务大楼）。真如院为两层西洋风格建筑，占地700平方米，楼门正中大字书写楼名"真如院"，现为县级文物保护单位。

　　真如院与其所在的北海市合浦县公馆中学（原合浦县立第五中学）是中国优秀的崇学重教的传统文化与近代教育救国思想相结合的产物。北海市合浦县公馆中学的前身是1887年公馆盐田村儒绅李翘南先生设立的文治书院，"文治书院"匾额和"文光腾列宿，治理讲遗篇"门联的门楼至今仍存于公馆中学内。真如院的存在，既反映了西洋建筑文化对中国建筑形式的影响，又反映了以爱国将领陈铭枢先生为代表的有志向有觉悟的中国人在动荡的年代心系家乡儿女成长，不忘教育兴邦，力图振兴中华的赤诚报国心。

▲图6-8　真如院旧址

第五节

中山图书馆旧址

中山图书馆建于1929年，由陈济棠（1929—1936年，在粤主政）拨专款所建。
该馆旧址坐北向南，为钢筋混凝土结构的两层仿西洋建筑（图6-9）。东西长
19.6米、南北宽14米，占地面积239平方米。中轴线上有门廊、门厅、楼梯
及后拱门，每层各有对称的阅读大厅2间。2013年被公布为合浦县文物保护
单位。

▲图6-9　中山图书馆旧址

第六节

旧高德小学旧址

　　旧高德小学创建于 1902 年,曾是高德男子、女子学校旧址。该校旧址坐北朝南,长 11.32 米、宽 11.2 米,建筑面积 253.57 平方米,为西式建筑风格的砖木结构两层楼房(图6-10)。屋顶为二面坡瓦顶,面阔三间,一楼前后建有券廊,楼东面外建有楼梯直上二楼。正房前后各有 1.2 米宽的大门通向外部,东墙、西墙各建有 2 个门口以通东房、西房。二楼结构与一楼一致,木质地板。这种楼房结构对研究北海近现代建筑有重要价值。2012 年被公布为北海市文物点。

▲图 6-10　旧高德小学旧址

第七节

南康中学高中楼

南康中学高中楼建于 1946 年，为两层西式建筑，长 28.2 米、宽 12.7 米、高约 8 米，占地面积为 366 平方米，坐东朝西，两面坡瓦顶，呈长方形，走廊上有券拱，是南康中学现存最早的建筑，2013 年被公布为北海市文物保护单位（图 6-11）。该楼的一楼正立面嵌一匾，匾上刻有南康中学的相关情况，记录了南康中学发展的历史。

▲图 6-11　南康中学高中楼旧址

据了解，该建筑是中华民国时期曾担任合浦县县长的廖国器主持设计的。廖国器毕业于北京大学土木工程专业，曾在南康中学担任校长。该建筑是北海市教育事业发展的重要见证，见证了南康中学的发展历史。南康中学是一座历史悠久、文化底蕴深厚、具有光荣革命传统的学校，其前身为"珠场社学"，创办于 1817 年，已有 204 年的办学历史。1907 年，实行新学制后更名为"公立珠江区两等小学堂"。1928 年为初中，更名为广东省合浦县第三中学。1946 年扩办高中，众乡绅筹资建设高中教学楼，即现在的南康中学高中楼。1959 年，合浦县第三中学更名为合浦县南康中学。1995年，北海市铁山港区设立，学校随即更名为北海市铁山港区南康中学，沿用至今。从该校走出了许多知名人士，如曾任中华民国时期广东省高等法院首席检察官的廖愈簪，曾任中华民国时期合浦县县长的廖国器，曾任中华民国时期广东省铸币厂厂长、汕头市市长的许锡清，北京大学教授、博士生导师谢有畅，中国科学院高级工程师姚坚厚，世界著名昆虫学家庞义，安徽大学教授朱宗炎，世界海关组织"杰出关员"徐满昌，等等。同时，南康中学也是南康红色革命的重要基地。在革命时期，中国共产党在南康中学（时为合浦一中）设立党支部，领导了南康起义和木村桥伏击战，为南康地区的革命斗争做出了重要贡献。

　　2020年初，南康中学邀请专业公司对高中楼进行了全面修缮，恢复了建筑原有的历史风貌，使高中楼得到更好的保护。在做好文物保护的同时，南康中学认真贯彻落实习近平总书记关于"让文物说话，让历史说话，让文化说话"的重要指示精神，非常重视文物的活化利用。2020年5月开始将维修好的高中楼建设为学校历史陈列馆，12月19日正式开馆。

第七章

教堂钟声

　　1876 年，英帝国主义强迫清政府与之签订中英《烟台条约》，夺取了北海关税主权，继而法国、德国、美国等国也先后染指北海。帝国主义列强在将北海作为他们的殖民地进行经济掠夺的同时，也实行文化和意识形态的渗透，而设教会从事宗教宣传就是意识形态渗透的重要手段，这是北海出现外国教会最早的起因。

　　第二次鸦片战争后，1858 年 5 月，清政府与法国签订不平等的中法《天津条约》，允许法国传教士在中国自由传教，使法国传教士成为近代最先进入北海公开传教的外国传教人员。法国传教士首先进入北海涠洲岛。1867 年开岛禁，逐溪、合浦等地"漕涌客民"数千人来岛（涠洲岛）定居，法国天主教会随即派人随同客民到岛上传教 ①。1869—1878 年，历时 10 年建成涠洲天主堂。该天主堂作为法国传教士办公和传教的场所，隶属于法国"远东传教会广东天主教区"。自此，天主教传入北海。

　　19 世纪 70 年代，法国天主教传入北海市区，最初法国教会在泰街（现北海市海城区珠海东路）买地建屋传教，始建正规教堂，并以教堂为中心在附近建立办公楼、女修道院等。从此，北海有了教会组织和教会建筑。

---

① 　译自《北海杂录》："涠洲墩，乃一小岛，周围约七十里，在北海之东南百余里……同治初年广东巡抚蒋丞，将漕涌客民送至开耕，而居民始事农业，法国神甫有同到传教。"

第一节

涠洲盛塘天主堂

　　涠洲盛塘天主堂（图 7-1）所在的盛塘村原名为天主堂村，在"文化大革命"期间易名为反帝村，1975 年才改为盛塘村。该村现有村民 1200 余人，均为客家后裔，大部分人为天主教徒。该教堂的由来与清政府与法国签订的《天津条约》中允许法国传教士在中国自由传教的条款有关。1867 年，清政府对涠洲岛"重开岛禁"，法国天主教会利用这一机会，派法籍神父上岛传教。因教众日益增多，为解决宗教活动的场所问题，1869—1878 年，历时 10 年，以岛上的珊瑚石、火山岩、砂浆、石灰拌海石花及竹木瓦为建筑材料建成了天主教堂。教堂及其附属建筑神父楼（图 7-2）、女修道院（图 7-3）、孤儿院（图 7-4）和男修道院（已毁）组成了一个院落式的建筑群，建筑面积 1933.05 平方米，占地面积6974.3 平方米。

▲图 7-1　涠洲盛塘天主堂旧址

▲图 7-2　涠洲盛塘天主堂神父楼

▲图 7-3　涠洲盛塘天主堂女修道院

▲图 7-4　涠洲盛塘天主堂孤儿院

　　涠洲盛塘天主堂是一座哥特式建筑。哥特式建筑起源于 11 世纪下半叶的法国，流行于 13—15 世纪的欧洲。涠洲盛塘天主堂高大雄伟，由钟楼（图 7-5）、厅堂（图 7-6）和祭台间组成。其正门前端是钟楼，共三层，高 21 米。教堂的顶端有许多锋利的直刺苍穹的小尖顶，有着随时"向天一击"的态势，造成一种向上升华、"天国神秘"的幻觉，堪称别具一格。钟楼有一个 10 多级的石造螺旋梯，只容一人盘旋而上直达二楼；顶层挂有一口铸于 1889 年的白银合金大钟，大钟铸有各种经文及花纹。据说，大钟是一位法籍妇人所赠送。大钟于早、中、晚 3 次报时，嘹亮的钟声全岛可闻。大钟被毁于大炼钢时期，今之大钟为政府重铸。正门上方镌有"天主堂"和"天源咫尺、主宰众生"的汉字，在中间的圆形玫瑰花窗内雕刻有"JHS"的标志。在钟楼和祭台间之间是教堂的厅堂，是天主教徒平时做礼拜的地方。在钟楼西侧与其相接的一栋券廊式建筑便是神父楼，是教堂神父起居生活和处理日常教务的地方，现作为涠洲教区的办公场所。在神父楼的东面是教堂的女修道院和孤

▲图 7-5　盛塘天主堂钟楼正立面

儿院，两院中间有一条券拱前廊，相互贯通，连接两座建筑。

▲图 7-6　盛塘天主堂内部厅堂

涠洲盛塘天主堂原是涠洲天主堂区办公和传教的场所，是北海天主教区一座最为宏伟的教堂。涠洲天主堂当时属法国"远东传教会广州天主教区"管辖，下辖雷州、钦州、防城港、灵山、合浦等地的教堂。1923 年，涠洲天主教区从涠洲岛迁至北海市区，并改名北海教区，涠洲天主堂归属北海天主教区管辖。

抗日战争时期，日寇曾侵占涠洲岛，天主堂成为当地居民的避难所。当时在教堂工作的信、嘉两名神父与涠洲岛人民共患难而遭日寇杀害。抗日战争胜利后，两名神父的遗骨被安葬在天主堂附近的圣地墓园。

解放涠洲岛时，战火不激烈，天主教堂未损坏。

"文化大革命"时期，因涠洲岛远离内陆，"破四旧"浪潮到此已是"强弩之末"，故对教堂的破坏不大，但教堂曾一度荒废，后期作为当地粮食部门的粮库及学校教室使用。1983 年，国家推行宗教政策后，该教堂划归北海教区天主爱国会负责管理和使用，作为当地天主教徒进行宗教活动的场所至今。1986 年，地方政府曾拨款 5 万元对教堂进行局部维修。2001 年，村民自筹资金对神父楼进行维修加固，在室内及外廊增加了混凝土柱、梁，用于支承楼面及天花楞木。1993 年被北海市政府公布为北海市文物保护单位。1994 年被广西壮族自治区人民政府公布为自治区文物保护单位。2001 年 6 月，被国务院公布为全国重点文物保护单位。2010—2015 年，北海市文物局申请国家文物局补助资金，完成该教堂第一期维修，主要是对教堂、神父楼和附属用房进行了修缮。2019—2020 年，北海市文物保护研究院再次申请资金完成该教堂第二期的维修，主要是对女修道院和围墙进行了修缮。如今，盛塘天主堂仍然作为教堂使用，并成为国家 AAAA 级旅游景区——圣堂景区中的景点对外开放。

第二节

涠洲城仔圣母堂

涠洲城仔圣母堂位于涠洲岛城仔村，因岛上天主教徒日益增加，为方便天主教徒参加礼拜等宗教活动而由法国传教士组织筹建，是北海地区唯一的一座圣母堂。该教堂由法国天主教李神父于1883年建立，由教堂、神父楼和女修道院三座建筑组成，是一座较典型的欧洲乡村哥特式小教堂。

涠洲城仔圣母堂坐东朝西，大门前是一座16.19米高的钟楼，依教堂中厅前檐墙而建，单开间，砖木结构，钢筋混凝土楼面。钟楼正面做半圆形砖券拱门1个，是教堂的大门，上有一灰塑牌匾，写着"圣母堂"3个字。在南北檐墙外侧设有同楼高的扶壁柱（图7-7）。教堂的东北角是神父楼（图7-8），与教堂的祭台间相通，是一座平面呈正方形的券廊式建筑，高两层，建筑面积441.4平方米；建筑前檐北、东、西三面是一条回廊。西南角为女修道院，是一座平面呈正方形的前后廊硬山顶单层建筑，建筑面积127.9平方米，建筑墙体使用螺壳、砾石、

▲图7-7　涠洲城仔圣母堂钟楼和教堂侧面

黄土混合材料夯筑而成。教堂的主体是一个长方形的大厅堂，在厅堂的东面就是教堂的祭台间，主要作为供奉圣母和存放物品之用。大厅堂呈"山"字形（图7-9），内部由两排柱子纵分为三部分，采用了简单的三券拱与中国传统山墙搁檩的结构方式，营造内部宽敞的空间，可以满足教会聚众传教的需要。

▲图 7-8　涠洲城仔圣母堂神父楼

▲图 7-9　涠洲城仔圣母堂"山"字形厅堂

　　涠洲城仔圣母堂内左前有一座圣母塑像（图7-10），其下方很奇怪地写着"中华圣母"字样，更奇怪的是圣母既不是站着，也不是坐在台上，而是坐在一顶轿中。据说，每逢农历八月十五，村里人就会抬着圣母像去游神。涠洲岛教堂清唱的赞美诗，融入了当地的民族特色，领唱、合唱、对唱，你唱我和，此起彼伏，颇有现代山歌的韵味。在涠洲岛上，本土化也成了天主教的一大特色，天主教已经与乡间的风俗奇妙地结合在一起。

▲图7-10　涠洲城仔圣母堂内的圣母塑像

　　在教堂外侧墙脚旁，有一块墓地，墓碑上刻有墓志铭。据信徒解说，这块墓地安葬着清朝末期至中华民国初期在涠洲岛生活的一名神父，当时他不顾艰难险阻地来到这个孤悬海外的小岛传教，因忍受不了岭南酷热的气候环境，水土不服而病逝。

　　如今，涠洲城仔圣母堂仍然作为教堂使用，同时也作为景点对外开放。

第三节

北海天主堂

　　19 世纪 70 年代，法国天主教传入北海市区，最初法国教会在泰街（今北海市珠海东路）买地建屋传教。1881 年，教堂迁建到当时的广西行（今北海市中山东路百货大楼）后面。1918 年，法籍颜神父（北海天主堂第三任本堂神父，是一位工程师）设计和主持建造了一座建筑面积为 316.8 平方米的教堂（图7-11），为盛行于 10—12 世纪被称为西欧"罗马式"建筑风格。该教堂位于今北海市海城区解放里下村 2 号，距北海市人民电影院约 50 米。该教堂坐西朝东，由钟楼（图 7-12）、厅堂、祭台间（图 7-13）三部分组成，钟楼毁于"文化大革命"时期，后来根据遗留下来的历史照片及手绘图于 2014 年修复。

▲ 图 7-11　北海天主堂历史照片　　▲ 图 7-12　北海天主堂旧址钟楼现状

教堂的主体呈长方形，其大厅横截面呈"山"字形，内部被两排柱子纵分为三部分：中间的部分宽且高，叫中厅；两翼的部分窄且矮，称侧廊。在厅堂的西面就是教堂的祭台间，祭台间由祭台和回廊（祭衣间）两部分组成，平面呈 2 个同心半圆。其中，祭台在内侧，面积较小，原用于安放已毁的路德圣母的塑像。

▲图 7-13　北海天主堂祭台间外立面

在教堂南面约 30 米处，有一座教堂的附属建筑——神父楼（图 7-14）。神父楼坐南朝北，是一座砖木结构的券廊式西洋建筑，高 2 层，各层的南、北、西三面均设有回廊，建筑面积 319.76 平方米。因年久失修，利用不合理，神父楼已不复往日光彩。2017 年，北海市文物保护研究院完成对此楼的全面维修，使其面貌焕然一新。如今，神父楼作为神父办公、接待和居住的场所。

▲图 7-14　北海天主堂神父楼历史照片

北海天主堂外墙的扶壁厚实，窗子小，外观封闭，显得非常坚固。这一建筑结构形式流行于古罗马时期，当时四处征战，每一栋建筑都成为军事据点或要塞，教堂则成为城市的防御工事或人们的庇护所。钟楼除平时召唤教徒做弥撒，在战争年代还可做瞭望所和指挥所之用。

当时很多北海社会底层的劳苦大众聚集在天主堂附近。每到星期天早上教堂钟声响起，信徒们便到教堂做弥撒。

从 19 世纪 70 年代至 20 世纪 50 年代中期，先后共有 17 任本堂神父，其中法籍神父 11 人，瑞士籍、爱尔兰籍神父各 1 人，中国籍神父 4 人。1956 年起，北海天主堂停止了传教活动。在"文化大革命"中，受"破四旧"运动的冲击，北海天主堂受到较严重的损坏，教堂前的钟楼被拆除。"文化大革命"结束后，由北海市天主教会管理使用。1993 年，被北海市政府公布为北海市文物保护单位。1994 年，被广西壮族自治区人民政府公布为自治区文物保护单位。2001 年 6 月，国务院公布北海天主教堂等近代建筑为全国重点文物保护单位。2014 年，北海市文物局申请国家重点文物专项保护资金对教堂进行全面修复。如今，教堂现已恢复往日风采，用作教会举行弥撒和宗教活动的场所。

第四节

主教府楼旧址

北海教区成立于 1920 年，是当时广东七大天主教区之一，负责管辖广东高州、雷州、廉州、琼州、钦州、防城等 12 个县市的天主教事务。主教府楼是北海教区主教的办公楼（图 7-15）。"主教"是对天主教的高级神职人员的称谓，有任免神父的权力。主教团内设有主教、副主教等职位。北海教区设有圣德修道院、女修道院、育婴堂、广慈医院等附属机构，其活动经费直接由罗马教廷中心所在地梵蒂冈经香港寄来。主教府楼未建成之前，北海教区主教的办公室设在原英国领事馆的圣德修道院内，1935 年主教府楼建成后才迁至此办公。主教府楼旧址位于北海海门广场旁，长 42 米、宽 17.85 米，原为两层。1962 年，主教府楼旧址划为北海市渔业广播电台使用。1983 年，使用单位在原楼上加建一层，建筑总面积为 1499 平方米。1988 年，北海市渔业广播电台搬出主教府楼，该楼归还北海市天主教爱国会使用。1990 年，北海天主爱国教会将其出租经营。1994 年，被公布为广西壮族自治区文物保护单位。2001 年 6 月 25 日，被公布为全国重点文物保护单位。

▲ 图 7-15　主教府楼旧址往日风采

　　主教府楼各层四周有宽阔的走廊，廊外墙有雕饰的数十个拱券和柱子（图7-16）。该建筑是北海有名的洋楼之一，曾因建筑漂亮、环境优美，被北海人称为"红楼"。

▲图 7-16　主教府楼旧址现状

第五节

女修道院旧址

　　女修道院旧址（图 7-17、图 7-18）作为天主教区的附属机构，是一座"中西合璧"的骑楼式建筑，是法国天主教在北海建立女修道院的历史见证。女修道院的作用主要是培养修女以帮助管理教区各堂口。北海女修道院始建于 19 世纪末期，最初位于涠洲岛盛塘村的天主堂右侧。1925 年，北海天主教会在北海市市区为女修道院建新院舍。1926 年春，女修道院由涠洲岛迁至新院舍，位于今北海市人民医院内。1958 年，女修道院停办。1958 年后，女修道院旧址交由北海市机关幼儿园使用，直至 2013 年移交给北海市人民医院，使用至今。1994 年，被公布为广西壮族自治区文物保护单位。2001 年 6 月 25 日，被公布为全国重点文物保护单位。

▲图 7-17　女修道院旧址（局部）

▲图 7-18　女修道院旧址

　　该旧址现存 2 座建筑。一座为长方形的两层砖混瓦房，南面第一、第二层均设有廊，建筑长 31.38 米、宽 8.7 米，建筑面积 492.3 平方米；另一座为小礼拜堂式的建筑，砖木结构，长 12.3 米、宽 6 米，建筑面积 70 平方米。这两座建筑均为双坡瓦屋顶，石灰砂浆裹垄，瓦采用杉木制作椽子和檩条。女修道院为木桁架支撑屋面，礼拜堂为券拱墙支撑屋面，前后檐均设砖砌排水天沟，内、外墙面均抹石灰砂浆，现因年久失修，已成危房。2020—2021 年北海市博物馆申请资金对女修道院旧址的 2 座建筑进行维修。

第六节

双孖楼旧址

在北海市第一中学内，有 2 座相距 32 米、造型相同、具有欧洲古典风格的券廊式西洋建筑，似孪生兄弟，故称为"双孖楼"。双孖楼分为北楼（图 7-19）和南楼（图 7-20），均为坐东南朝西北、单层、砖木结构，总建筑面积 788 平方米。两座楼均是四坡瓦屋面，用红色素面板筒瓦砂浆裹垄，清水屋脊，无脊饰，屋面下使用桁架作为支撑体系；有外廊，柱间由砖券拱连接，墙面、柱、券拱

▲图 7-19　双孖楼旧址北楼

▲图 7-20　双孖楼旧址南楼

及门窗洞均大量使用了枭、混线进行装饰；由回廊包围的是 4 间宽敞的房间，东、西侧各 2 间，中部由过道分隔，在建筑的西北角和西南角、位于回廊廊道位置还有小房间各 1 间，室内有壁炉，安装百叶窗，室内及廊道均铺红方砖。每座建筑的下部是砖砌券拱形式的地垄架空层，高 1.25 米，具有防潮湿的功能，是为适应南方潮湿气候、改善居住条件而设计。1994 年，双孖楼被公布为广西壮族自治区文物保护单位。2001 年 6 月 25 日，双孖楼被国务院公布为全国重点文物保护单位。

一、双孖楼建造的背景 [①]

1876 年，英国借口"马嘉理案"，强迫清政府订立了丧权辱国的《烟台条约》，将北海辟为通商口岸。1878 年 3 月，香港维多利亚教区第三任会督（主教）包尔腾到北海传教半年，并建立新教会。1882 年，包尔腾返回英国向大英传教会呼吁到中国北海传教。1883 年，英籍医生柯达成为医学传教士，1884 年被派往北海建立医院并传教。因中法战争爆发、北海港被封锁等原因，直至 1886 年 4 月柯达医生才在北海建立普仁医院。同年，英籍牧师黎德也来到北海开展医学传教。

当时，柯达医生在北海的生活状况非常不好，他跟 2 个外国人合住在租来的小房子里，这种经历很是痛苦。因此，包尔腾想在北海为柯达医生买 1 间房子。得知情况后，柯达医生绘制了北海平房草图并申请资金。

双孖楼的建设在 1887 年和 1889 年的 2 份传教会记录中都有记载："计划给黎德牧师建的房子已经动工了，由于北海的冬天（有时候）比伦敦冷，夏天热，租住的房子摇摇晃晃，房子必须在冬天前建好。但柯达申请建房子的经费，基金会给的钱只够建一栋房。""两栋平房，一栋给柯达医生，另一栋给黎德牧师，这是包尔腾主教同意的。拨了 5000 元港币给黎德牧师建房子，因为他是第二个在北海工作的传教士，应该有一个舒适的房子。当时北海很脏，而且疾病很多。"

---

① 刘喜松：《提灯女神的笑靥》，广西人民出版社，2015，第 183–185 页。

　　柯达医生在北海买地建医院和欧洲人的住房，选址以 1885 年 5 月 24 日动工建设的英国领事馆为核心，形成两翼，这样便于展开医疗工作。

　　1905 年出版的《北海杂录》记载："双孖楼者，一连两楼，同在一围墙内，一建于光绪十二年（1886 年），一建于光绪十三年（1887 年）。"

二、双孖楼与传教士活动[①]

　　1888 年秋柯达医生回国结婚，1889 年黎德牧师从南流江进入广西境内传教。同年 11 月 3 日，柯达医生夫妇和陂箴牧师来到北海。柯达把医院的一间女病房改为饭厅和客厅，一间男病房改为卧室，给陂箴牧师也安排了一间卧室。根据柯达医生 1890 年的医院报告得知，1888 年下半年至 1890 年 7 月双孖楼被租给法国领事馆使用。

　　1893 年 12 月、1895 年 2 月和 12 月、1897 年，香港维多利亚教区会督（主教）包尔腾携夫人多次到北海视察、传教并下榻于双孖楼。此后，英籍女传教士华丝和负责在廉州、北海、高德及附近村庄传教的女传教士史多均曾在此楼住。

　　1901 年，陂箴牧师因病回国，兰哲牧师接替其工作在北海传教 7 年。因此双孖楼成为兰哲牧师的家。1901 年 2 月，麦坚士牧师两兄弟来到北海。1902 年初接任史多的女传教士芬妮、左安慰，还有 1902 年 2 月来北海的英籍牧师韦司提反，他们最初落脚的地方也是双孖楼。1906 年，叶惠露牧师来北海接替兰哲牧师，其一家也住在双孖楼。

　　一张 1906 年的大英传教会华南教区的统计表上记载，北海信徒（洗礼）200 人，发展本地男、女传道各 9 人。由此可见，双孖楼见证了英国传教士融合基督教与中国社会、文化并在北海传播与发展的历程。

三、双孖楼的历史变迁

　　长期以来，双孖楼都是大英传教会在北海的传教点，由英籍传教士使用和

---

① 刘喜松：《提灯女神的笑靥》，广西人民出版社，2015，第 185–186 页。

管理。抗日战争相持阶段，双孖楼曾作为病人的避难中心（救济站）使用。
1939 年，大英传教会在广州开办的"圣三一"中学曾转道香港迁到北海双孖楼
办学。1943 年，大英传教会最后一名代表胡礼德先生（退休，少校军衔）撤离
北海，大英传教会在北海的物业由中华圣公会华南教区（港粤教区）负责管理。
同年，"圣三一"中学由双孖楼迁到北海博爱路普仁麻风医院旧址（今北海市
海城区第三小学）办学，至 1946 年迁回广州。1947 年，私立旭初中学租用双孖
楼办学。1949 年北海解放战斗期间，双孖楼曾作为中国人民解放军第四野战军
第 43 军第 128 师第 384 团、第 382 团和第 127 师一部的临时驻地。中华人民共
和国成立后，双孖楼曾作为新民中学的校舍使用。1951 年 5 月，新民中学与北
海中学合并。1959 年，北海市第一中学从北海赵屋岭迁到这里，双孖楼作为教
师的宿舍使用。1961 年双孖楼成为北海市第六小学的校舍。1976 年以后，双孖
楼成为北海市第一中学内的建筑。1998 年，北海市第一中学出资对双孖楼南楼
进行全面维修，并将其作为学校医务室使用。2016 年，北海市文物局申请国家
资金对北楼进行整体维修。如今，双孖楼保存情况较好，作为北海市第一中学
的后勤办公室使用。

第七节

德国信义会教会楼旧址

　　大约在 1900 年，德国基督教长老会传入北海，并在中山东路崩沙口一带购置土地，兴建 10 多间教会楼房，建立教会据点并传教。这些教会楼房中，有一座西式大楼专供德国传教士居住，另一座西式大楼用以招待来往住宿的德国人。有一座教堂（已毁）于 1900 年建成的，当时约有教徒 130 名。现保存下来的一座德国信义会办公楼（图 7-21、图 7-22）建于 1902 年，位于教堂的南边，由德国长老会传教士巴顾德主持修建，用于德国传教士居住和办公。这栋办公楼仅一层，主体建筑长 30 米、宽 16.9 米，廊宽 3 米，四面坡瓦顶，地垄高 1 米，建筑面积 507 平方米；南、北两侧设廊，廊道卷拱边缘有灰饰线条；四坡瓦屋顶，石灰砂浆裹垄瓦面，采用杉木、硬木制作椽子、檩条及桁架支撑屋面。中华人民共和国成立初期，该旧址被钦廉专署借用办公。1952 年后，北海市公安局将其作为办公场所使用。为满足办公需要，北海市公安局对该旧址进行了改造。1994 年，被公布为广西壮族自治区重点文物保护单位。2001 年 6 月 25 日，被国务院公布为全国重点文物保护单位。2010 年，北海市公安局搬离后，该旧址闲置。2014 年，北海市机关管理局将该旧址移交北海市博物馆进行修缮。2015

▲ 图 7-21　德国信义会教会楼旧址全景

▲图 7-22　德国信义会教会楼旧址侧面

年 12 月正式开展修缮工作，历时 10 个月完工。2016 年，北海市海上丝绸之路始发港遗产保护与申遗工作领导小组办公室将该旧址作为办公场所开展北海海上丝绸之路的宣传工作，使用至今。

一、德国信义会往昔 [①]

　　德国基督教长老会，是德国信义会的前称，是基督教新教派的主要宗派之一，遵循教会的组织原则，由教徒推选有威望的领袖数人与牧师共同治理教会，故称长老会。其总部设在德国，中国教友称它为西差会。1886 年，德国人巴顾德奉派来北海传教。自此，德国长老会入驻北海，其传教历程同天主教等外国教会一样，先在北海扎稳根基后，再向合浦等地推进，相继在廉州、南康、福成、党江等地建立传教据点，并从德国派牧师、教士前来传教，后培养华人充当传教士（图 7-23）。1922 年，长老会改名为"信义会"，当时廉北地区位于广东南部，故又称粤南信义会（图 7-24）。抗日战争胜利后，因合浦地域适中，人口多，信义会传教的中心由北海迁往合浦，改称中华信义会粤南总会。

---

① 北海市政协文史资料委员会编《海门回声——北海文史第一至十七辑合编本（肆）》，2013，第 1824-1825 页；周德叶：《北海老街——老城史话》，广西人民出版社，2006，第 125-126 页。

▲图 7-23　建于 20 世纪初的德国长老会牧师楼

▲图 7-24　粤南信义会旧址

　　德国信义会从事慈善事业，以办学为主，对北海地区文化、教育事业的发展起到了一定的作用。1901 年，德国教会开设德华学堂。学堂教授中国文学、德国文学、圣经及体操课程，有教员 3 名，其中 2 名德国教员、1 名中国教员。德华学堂有男、女 2 所学堂，男学堂创办于 1901 年，女学堂创办于 1904 年，

1905 年计有男学童 43 名、女学童 15 名。该学堂是继英、法教会学校之后较早在北海开办的学校，1927 年改称中德小学，1945 年又改称信义小学。抗日战争胜利后，信义小学有学生 6 班约 200 人。校址初期在教堂，后期迁至朝阳里。这些学校经费原由德国西差会资助，后因办学经费等原因，办学常时断时续，于 1950 年 8 月正式停办。德国教会除办学堂外，还开设刊印所，用铅字活版机器印刷中文版教会刊物，还承接外界印刷业务，这是北海地区最早使用铅字活版的印刷所。1903 年 3 月，德国信义会创办了北海最早的报纸——《东西新闻》，新闻多摘自香港的一份地方报纸，每周刊出一期，初期读者订阅最多的时候达1800 份，后因报费太贵而难以支持，于 1906 年 3 月停办。

　　中华人民共和国成立后，德国信义会在北海传教的历史宣告结束。信义会经过近一个世纪的变迁，只在北海留下了教会楼旧址 1 座。

二、女传教士——容观莲的传奇 [①]

　　德国教会在北海传教期间，曾派多名牧师、教士前来传教，其中女传教士容观莲（图7-25）最值得一提。容观莲（有史料称"荣观莲"），德文名为"Mwhta Wendt"，1873 年3 月 14 日出生在德国北部一个信奉基督教的农民家庭，是一位虔诚的基督徒。有一次，她听一名牧师讲起在中国传教的艰苦历程，深受感动，于是在德国教会号召志愿者到国外传教时，她申请到中国传教。1900 年 4 月 19 日，容观莲跟随被遣派到北海的德国教会传教团到达北海。起初她在北海和高德两地传教；1901年 6 月，教会派她进驻龙潭村传教。

▲图 7-25　德国女传教士容观莲

　　容观莲很友善，乐于助人，与龙潭村民相处和睦，并很快学会了简单的北

① 　周德叶：《北海老街——老城史话》，广西人民出版社，2006，第 167-169 页。

海方言（图7-26）。当时，龙潭村及其周边乡村盗贼较多。1902年的一个深夜，一盗贼进入她宿舍，正要盗窃财物时突然雷雨交加，盗贼可能迷信，便认为"鬼婆"（两广地区当时对女外国人的惯称）的东西偷不得，于是赶紧离开。好心的村民知道后，为了她的安全，劝她离开龙潭村回北海。回北海后，教会根据传教需要，把容观莲调往合浦。容观莲生活艰苦朴素，教友们吃什么她就吃什么，并在工作中很快学会北海和合浦的方言，还成了"合浦通"，在当地小有名气。

▲图7-26　容观莲（右抱男孩者）与孩子们

1923年7月，合浦发生"八属军攻城"之战，守城部队为黄明堂部队。守军虽然凭着高大的城墙抵御了八属军枪炮的攻击，却因"孤立无援，弹尽粮绝，县城内居民砍芭蕉、捉老鼠、掘蚯蚓充饥，县长张卓光召集绅商计议，请德国传教士容姑娘出城议和"[①]。时年50岁的容观莲在合浦城内居民危难之时，临危受命，冒着生命危险出城谈判。她因这一勇敢的举动受到廉城人民的高度赞扬，且留名于合浦史志。

1924年，已年超50岁的容观莲回国探亲，民众以为其返乡不再回来，为感

---

① 合浦县志编纂委员会：《合浦县志》，广西人民出版社，1994，第283-284页。

谢其恩德，士商们用最隆重的中国民间感谢方式——赠送其锦旗（图7–27）表达崇高敬意。锦旗宽3米、高约1米，红底金字，左、右两边绣有我国古代象征福禄寿的人像；中间从右至左题书"婆心救世"4个大字；题词为"大德国、容姑娘来廉宣教，以医术济人，好行其德。屡次德军压境，皆赖大力解围，士商咸感戴之。今将远别，依恋同深，爰缀片言，以留纪念"，落款为赠送锦旗的40位士商的名字；锦旗文字周边绣有各种象征吉祥的鸟兽图案。但探亲后，容观莲又回到了合浦，回到了曾与她朝夕相处的同事和教友之中。

▲图7–27　合浦士商赠送给容观莲的锦旗

1941年3月3日，日寇入侵北海7天，其间到处奸淫掳掠，许多妇女逃往英国、法国、德国的教会避难。一些日寇企图进入德国教会抓妇女，容观莲紧急关头与其中一名德籍女童勇敢地站在教会门口，不准日寇入内。因德国、日本在第二次世界大战期间是同盟国，日寇也不敢在德国传教士面前贸然入内胡作非为，躲进德国教会的妇女因此而幸免于难。

容观莲在北海教会期间，常一个人步行或坐"鸡公车"到合浦、福成、南康等几十千米外的传教点布道。她经常早出晚归，不怕苦、不怕累，扎根于北海、合浦、南康等地区的贫苦信徒和乡村群众之中，过着"苦行僧"的生活。她把自己的一生献给了她热爱的传教事业，终身未婚。在北海工作了半个世纪后，她于1949年2月退休离开北海返回德国，时年76岁；于1966年3月13日在家乡与世长辞，终年93岁。在容观莲家乡的教堂里，至今还悬挂着合浦人民1924年赠送她的那面"婆心救世"的锦旗。这面锦旗成为中德两国人民友谊的历史见证。

第八节

已毁的圣路加堂①

　　清政府和英帝国主义签订了《烟台条约》后，约在 1886 年，基督教新教便开始传入北海。首先来北海的是英国安立间教会的英国籍柯达医生夫妇，在祥懋里附近的地方开设一家医院——普仁医院，一边行医，一边传教。当时教众做礼拜的地方，就在医院候诊室的一个小礼堂里。不久柯达医生夫妇在医院左邻设立一家麻风院，招收几十名合浦所属各地的麻风病患者，一边治疗麻风病患者，一边传教，发展教徒，还教麻风病患者学习手艺，使他们能从事印刷工作、编织竹器、制造家具并将它们出售，以改善生活。北海原来只有"太和医局""爱群医所"两家中医诊所，到这时才开始有西医治病。由于柯达医生医术高明，不久便得到当地群众的信任，发展了不少教徒。后来，柯达医生因水土不服便束装返回英国。继柯达医生来中国的是李惠来医生夫妇。据说李的岳母是一个拥有七八艘大轮船的企业家，经济力量比较雄厚，对他给予很大的支援。他到北海后继续行医传教，打好了发展教会的根基。由于教徒的人数日增，在医院的礼堂做礼拜显得太拥挤，1904 年，李惠来医生便在医院右邻的地方建立了一座礼拜堂——圣路加堂（图 7-28）。当时，建这座教堂时发动过当地的教友募捐，但大部分经费都是英国安立间教会差会供给的。圣路加堂有大礼拜堂、副堂（纪念楼）和会长室各 1 座及 2 座办学的校舍，还有小平房多间。从此，该教会的会务日益发展壮大。之后还在礼拜堂后面办起了贞德女子学校，招收妇女学习文化，并教学员学习罗马字，利用罗马字作为拼音工具识字和阅读罗马字的拼音读物。这对当时解放妇女思想、冲破"女子无才便是德"的封建樊篱起到一定的促进作用。由于会务的发展，李惠来医生夫妇兼顾不暇，差会便派英籍传教士陂箴夫妇来协助，负责传教事务。李惠来医生便专职负责医务工作。李惠来医生夫妇在北海生了一个女儿，后来跟他们一起回了英国。他们的女儿长大

---

① 周德叶：《北海老街——老城史话》，广西人民出版社，2006，第 142、146 页。

后又被派来北海传教，一直到 1947 年才返回英国。

▲图 7-28　北海普仁医院里面的圣路加堂（已毁）的老照片

圣路加堂受英国差会派遣的第一任牧师姓叶，叶牧师夫妇于 1912 年来到北海，在这里传教 4 年。叶牧师夫妇于 1916 年回国。继叶牧师之后，来北海的第二任牧师是兰哲，此后还有麦坚士等英籍牧师。

由于基督教传入中国在很大程度上是依仗了不平等条约的签订，基督教的外国传教士及该教的中国教徒中的少数坏人，往往凭借帝国主义的势力作威作福，因此引起人民群众的极大反感，常称呼信基督的人是"吃洋教"，甚至导致各地发生一些"教案"。1926 年，全国产生一场怨"非教"风潮，并蔓延到北海，当时北海出现砸教堂、驱洋人的事件。这时，我国的广大爱国教徒已认识到依靠不平等条约传教，对基督教在中国的生存和发展是有百害而无一利的，因此，纷纷要求教会独立自主，不受外国差会的支配。在这种形势下，英国安立间教会不得不把自主权勉强交给中国的教牧人员。从此，安立间教会也和全国的"圣公宗"一样，改为"中华圣公会"，并把北海的"圣公会"划入"港粤教区"管辖。圣公会的体制系统：会督—会吏长—牧师—会吏（传道）。但当时港粤教区的会督何明华、副会督候利华都是英国人，因此实际上圣公会的教务、经济大权仍然掌握在外国人的手里。后来也封立一个中国籍教牧人员莫寿增为会督，负责管理港澳和广东各地"中华圣公会"的会务。英国安立间的教会会督曾几次到北海来视察会务，最后在北海逝世，并葬在北海圣公会的墓地。

　　北海圣公会"圣路加堂"的第一任中国籍牧师是夏步云。夏调离后，接替他的是黎其壮，接着是黄福平。抗日战争以后，担任圣路加堂牧师的是梁清华，接着是叶日青。抗日战争胜利后，圣路加堂牧师由张绿芎接替，直到中华人民共和国成立前夕他才调离北海前往香港担任圣公会的牧师一职。张绿芎调离北海后，刘坚信接任圣路加堂的牧师职务，直到 1971 年病逝。

附　录

北海近代西洋建筑保护情况一览表

序号	名称		建造年份	单体建筑数量	使用单位	地址	保护情况
1	英国领事馆旧址		1885	1	北海市博物馆	北海市海城区北京路北海市第一中学校园内	已维修
2	德国领事馆旧址		1905	1	北海市博物馆	北海市海城区北部湾中路南珠宾馆内	已维修
3	法国领事馆旧址		1890	1	北海市迎宾馆	北海市海城区北部湾中路迎宾馆5号楼	暂不需维修
4	北海关大楼旧址		1883	1	北海市博物馆	北海市海城区海关路海关大院内	已维修
5	大清邮政北海分局旧址		1897	1	北海市博物馆	北海市海城区中山东路204号	已维修
6	涠洲盛塘天主堂旧址		1869	5	北海市涠洲天主教会	北海市海城区涠洲岛盛塘村	已维修
7	涠洲城仔教堂旧址		1883	3	北海市涠洲天主教会	北海市海城区涠洲岛城仔村	已维修
8	北海天主堂旧址		1918	2	北海市天主教会	北海市海城区解放里下村2号	已维修
9	主教府楼旧址		1934	1	北海市天主教会	北海市海城区公园路1号	暂不需维修
10	女修院旧址		1925	2	北海市人民医院	北海市海城区和平路北海市人民医院内	已维修
11	德国信义会教会楼旧址		1902	1	北海市博物馆	北海市海城区中山东路213号	已维修
12	双孖楼旧址		1886、1887	2	北海市第一中学	北海市海城区北京路北海市第一中学学校园内	已维修
13	会吏长楼旧址		1905	1	北海市人民医院	北海市海城区和平路北海市人民医院内	已维修
14	普仁医院旧址	医生楼	1886	1	北海市人民医院		已维修
		八角楼	1886	1	北海市人民医院		暂不需维修
15	贞德女子学校旧址		1905	1	北海市人民医院		已维修
16	合浦图书馆旧址		1927	1	北海市第一中学	北海市海城区解放路北海市中学校园内	已维修
17	德国森宝洋行旧址		1891	2	北海市博物馆	北海市海城区解放路文化大院内	已维修

后　记

　　1878 年建成的涠洲盛塘天主堂是近代北海最早的西洋建筑。随后的数十年间，在北海建造的西洋建筑一座座拔地而起。这些西洋建筑拥有各自的园子，园内除种植花草树木外，还建有附属建筑。这些园子相隔不远，几乎连成一片，形成了一个近代洋人在北海的工作及生活区。这些西洋建筑由专门聘请的外国建筑设计师设计，并由外国施工公司建设；或者由本土知名建筑师设计施工建设，造型时尚美观，结构坚固耐用，属于上乘建筑。无怪乎，英国领事馆楼被赞叹为"英国在中国建造的最坚固的外国建筑"。中华民国时期，由于受到第一次世界大战、第二次世界大战及其他因素的影响，英国、法国、德国等西方国家在北海设立的一些机构相继撤销，这些西洋建筑的主人也纷纷离去。

　　时光荏苒，岁月如梭，百年光阴匆匆过，北海这些近代西洋建筑共有（17处 28 座建筑）虽经受长时间的风吹、日晒、雨淋，历经岁月变迁，但幸运的是它们大部分都得以完整保存至今。它们大多位于北海旧城区以法国领事馆旧址为中心的 1.2 平方千米的范围内，另有 2 座教堂分别位于涠洲岛盛塘村和城仔村。

　　北海近代西洋建筑能够得到较好的保护，得益于国家、省（自治区）及市人民政府的大力支持。中华人民共和国成立后，广东省人民政府外事办公室发文要求将"前法国驻北海领事馆"等"外人房地产"（当时北海属广东省管辖）有关情况进行登记上报，由国家对这些建筑统一处理。这一举措，客观上使这些历史建筑得到一定程度的保护。1992 年，时任国家文物局副局长马自树到北海视察了英国领事馆、法国领事馆、德国领事馆等近代西洋建筑后，对主管文化的北海市领导说："像你们北海这样的西洋建筑，我国很多地方已拆得差不多了，而你们北海还能保留下来，这不容易。建议你们把这方面的经验写下来，争取在国家有关刊物上发表。"翌年，英国领事馆、法国领事馆、德国领事馆旧址等西洋建筑被公布为北海市文物保护单位。

北海近代西洋建筑也得到了广西壮族自治区文化厅文物处（现广西壮族自治区文物局）的高度重视。1992—1993 年，该处在起草《广西壮族自治区文物保护管理条例》时，为了加强对北海近代西洋建筑的保护，在第一章《总则》第七条规定："反映历史上中外关系、民族关系的重要遗址、建筑、遗物受国家保护。"1994 年，北海近代西洋建筑被广西壮族自治区人民政府公布为自治区级文物保护单位。2001 年、2006 年，北海近代西洋建筑统一以"北海近代建筑"的名称被公布为全国重点文物保护单位。

北海近代西洋建筑犹如一部部近代北海对外开放的立体年鉴，记录其诞生、发展、衰落和被保护的全过程。它们是北海近代对外开放的重要历史见证，也是展示北海近代对外开放历史和文化的重要载体。它们开创了西方建筑文化对广西近代建筑影响的先河，奠定了今天北海旧城区的建筑格局，深刻地影响着北部湾地区乃至于整个广西地区近代城市发展的建筑风格。目前，这些风格独特、数量众多、类型丰富、分布集中、功能齐全的近代西洋建筑，在我国西南地区较少见，即使在全国也不多见，具有较高的历史价值和艺术价值，是国家历史文化名城北海的重要组成部分。

21 世纪以来，在北海市委、市政府的高度重视下，北海近代西洋建筑保护工作成绩斐然，北海近代西洋建筑得到了全面的维修。2014 年 2 月，北海市委、市政府决定启动北海近代中西文化系列陈列馆建设项目，充分利用近代建筑部分旧址，在英国领事馆旧址建设北海近代外国领事机构历史陈列馆，在德国森宝洋行旧址建设北海近代洋行历史陈列馆，在大清邮政北海分局旧址建设北海近代邮电历史陈列馆，在北海关大楼旧址建设北海近代海关历史陈列馆，在德国信义会教会楼旧址建设北海近代宗教历史陈列馆，以及在德国领事馆旧址建设北海近代金融历史陈列馆，共 6 个陈列馆。2015 年以来，北海近代外国领事机构历史陈列馆、北海近代洋行历史陈列馆、北海近代邮电历史陈列馆、北海近代海关历史陈列馆相继对外开放。2019 年，北海市旅游文体局把英国领事馆旧址、德国森宝洋行旧址、大清邮政北海分局旧址纳入"印象·1876"北海历史文化景区，2020 年"印象·1876"北海历史文化景区被评为国家 AAAA 级景区。北海近代中西文化系列陈列馆的建设，是把北海丰厚的文化遗产融入现代生活的"大手笔"，充分显示了北海市委、市政府和广大市民重视历史文化遗产保护和利用的文化自觉。而且，这种利用多个文物旧址展陈相关历史文化专题的做法，很有创意。

然而，由于宣传力度不到位，人们对北海近代西洋建筑知之甚少，更有甚者将之等同于北海老街，或将之视为北海老街的一部分，殊不知北海老街乃是深受北海近代西洋建筑影响的建筑，且二者的建筑风格、历史地位和价值不可混为一谈。因此，对北海近代西洋建筑的相关历史文献资料进行广泛搜集、规范整理和系统归纳，以科学严谨的态度编纂出版《北海近代西洋建筑的前世今生》，简明扼要且又清晰完整地呈现北海近代西洋建筑历史的发展脉络、建筑风貌、建筑特征，以可读性、趣味性、知识性为导向，帮助人们充分了解北海近代西洋建筑的历史和特点、北海近代对外开放的历史、北海这座国家历史文化名城深厚的文化底蕴。

本书是我们多年来保护和研究北海近代西洋建筑的重要成果结晶。但这仅是我们研究北海近代西洋建筑的第一步，今后我们还有很多工作需要做，如解决部分建筑建设年代不明、使用功能不明、资料不齐全及建筑风格的演变等问题。

我们也希望通过加强对北海近代西洋建筑的研究，理顺其发展脉络，深挖其历史内涵，明确其在北海、广西乃至中国的近代建筑及历史进程中的地位，最终形成一种北海近代建筑的文化现象。这种文化现象具有包罗万象，持续传承、纵贯古今，兼容并包、多元一体，分类科学、自成体系等鲜明特色。

最后，我们要特别致谢周德叶先生，他在1988—2000年担任北海市文管所所长期间为保存这些建筑四处呼吁，耗费大量的时间和精力来搜集北海近代西洋建筑的史料。他的成果频见于报端。《老城史话》《老城旧事》《老城缀珠》三部专著无不是他呕心沥血之作，更是谱写北海近代西洋建筑史话的重头戏。同时，也感谢王善健先生和刘喜松女士提供的重要资料，他们也为本书的编著打下了扎实的基础。